黄连产品

连精选商品

川芎植株

川芎开花期

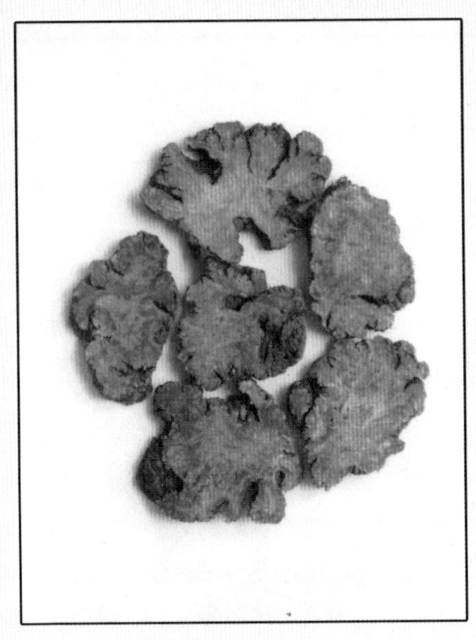

川芎药材饮片

川贝母产品

川贝母植株与花朵

石斛植株

石斛产品

郁金药材饮片

姜黄植株与花序（其块根为郁金药材，其根茎为姜黄药材）

莪术植株（其根茎为莪术药材，其块根为郁金药材）

南龙胆花朵

未加工的龙胆草产品

云木香植株

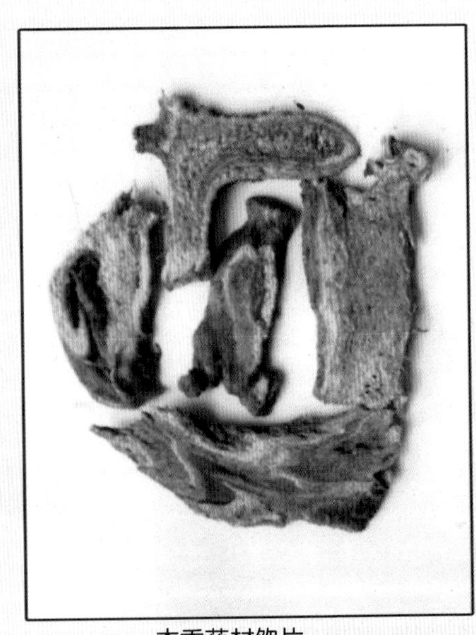

木香药材饮片

西南特色药材规范化生产技术

主　编
张含藻　张晓波

副主编
韩　凤　封孝兰　冉锋杰

编著者
张含藻　张晓波　韩　凤
封孝兰　冉锋杰　梁正杰
林茂祥　杨　毅　杨成前
刘燕琴

金盾出版社

内 容 提 要

本书主要介绍了我国西南地区10种特色药材，包括三七、黄连、川芎、川贝母、石斛、郁金、龙胆、木香、斑蝥和广地龙的规范化生产技术。内容实用，可操作性强，适合中药材生产户阅读使用，亦可供农业院校相关专业师生参考。

图书在版编目(CIP)数据

西南特色药材规范化生产技术/张含藻，张晓波主编.-- 北京：金盾出版社，2012.1
ISBN 978-7-5082-7256-6

Ⅰ.①西…　Ⅱ.①张…②张…　Ⅲ.①药用动物—饲养管理②药用植物—栽培技术　Ⅳ.①S865.4②S567

中国版本图书馆CIP数据核字(2011)第221023号

金盾出版社出版、总发行
北京太平路5号(地铁万寿路站往南)
邮政编码:100036　电话:68214039　83219215
传真:68276683　网址:www.jdcbs.cn
封面印刷:北京蓝迪彩色印务有限公司
彩页正文印刷:北京金盾印刷厂
装订:永胜装订厂
各地新华书店经销
开本:850×1168 1/32　印张:6.375　彩页:4　字数:150千字
2012年1月第1版第1次印刷
印数:1～8 000册　定价:15.00元

前　言

特色药材规范化生产的目的，在于运用规范化管理和质量监督手段，控制药材生产、产地加工和包装贮运中的农药、重金属和有害元素的污染，以获得符合有关标准规定的特色药材优质产品。

当前我国农业经济已进入一个新的发展阶段。为了适应新的形势要求，开辟农民增收的新领域，各地纷纷进行农业生产结构调整，不少地方定位于药用植物的种植。一时间在“要发财，种药材”观念的指引下，什么价位高就种什么。在缺乏市场信息和规范化栽培技术的情况下，许多地区不按气候条件合理选择药用植物种类和布局，不按药用植物生产地道性原则，盲目引种；在生产药用植物之前没有对当地的土壤、水质、大气等环境质量进行监测，药用植物生产过程不规范，导致生产出来的药材重金属含量、农药残留量超标等一系列问题，达不到无公害的标准。

本书依据《中药材生产质量管理规范》(GAP)指导原则，重点介绍了我国西南地区具有地方特色的地道性药材中的10个品种规范化生产技术。对各品种的药用部位、资源分布、主要产区、化学成分、药理作用、功能主治、临床应用、栽培现状、发展前景、形态特征、生态生物学特性、生产技术、病虫害防治、采收加工、质量标准、商品规格及商品运输、贮藏等内容进行了较详细的叙述。

本书在编写过程中参考引用了国内出版的许多相关资料、图书及部分研究成果，在此向原作者表示衷心的感谢！重庆市药物种植研究所张润林书记、李品明副所长、申明亮教授、刘正宇研究员对本书的编写给予了大力支持，亦表示衷心的感谢！

由于编著者的水平有限，加上编写时间仓促，不妥和谬误之处在所难免，敬请广大读者不吝指正。

编著者

目　录

第一章 概 述

一、特色药材规范化生产概念

中药材规范化生产的目的，在于运用规范化管理和质量监督手段，控制中药材生产、产地加工和包装贮运中的农药、重金属和有害元素、微生物及异物的污染和混杂，以获得符合国家有关标准规定的中药材产品；也就是指按照《中药材生产质量管理规范》(GAP)生产的中药材，并经过专门机构认定、许可生产和符合GAP标准的中药材产品。其含义主要包括三个基本内容：①在生态环境质量符合GAP规定标准产地生产的；②在生产过程中不使用超限量有害化学物质的；③在按照GAP要求规范化生产、加工、包装、运输、贮藏和经济质量检测符合规定标准，并经专门机构认定的中药材产品。

然而目前，在缺乏市场信息和规范化栽培技术指导的情况下，许多地区不尊重药用植物生产"地道性"的原则，盲目引种。在生产药用植物之前没有对当地的土壤、水质、大气及环境质量进行监测，结果生产出来的药材，其重金属、农药残留超标，达不到无公害、安全及绿色药材的标准。有的地方在生产药用植物时，缺乏对药用植物的种源鉴定，所引种的不是原种药用植物，生产出来的药材不能入药，造成了损失。这些问题的出现，主要是由于药用植物生产技术没有规范化。药用植物规范化生产是对药用植物栽培按照国家有关法规的要求，制定出药用植物栽培规范化生产标准操作规程，在产地环境、品种鉴定、生产技术、采收加工、贮藏运输及产品质量等方面都要有明确的技术措施、方法和标准。使药用植物生产技术系统化、科学化、规范化,生产出来的中药材产品达到无公害、绿色标准以及最终达到有机药材的标准。

二、特色药材规范化生产的重要意义

随着医药事业的蓬勃发展及人们生活水平的不断提高,人们对健康长寿和保健的愿望越来越强烈;同时随着中药走向世界,人们把中药材视为珍宝,许多名贵中药材成了国际市场上的抢手货,对中药的需求量大幅度增加。但是,目前我国中药材的生产比较分散,加之小农式经营方式,药材质量低劣,达不到无公害、绿色及有机药材标准;要使中药材质量逐步达到这些标准,必须实行规范化生产,这是人们健康的需要,也是中药走向世界的需要。中药标准化是实现中药现代化、国际化的必要条件。

为了中药材规范化生产,保证中药材质量,促进中药材标准化、现代化,科技部、国家食品监督管理局、国家中医药管理局在中药现代化产业基础建设中,提出要将中药材生产规范化,使中药材栽培的良种选育、栽培技术、采收与加工、贮藏与运输等生产中的各个环节规范化。生产出质量可靠安全的优质中药材,以提高我国中药材在国际药材市场的地位和竞争力。通过规范化生产出高产、优质,无公害、绿色、有机标准的中药材,必将在药材市场上占据优势,为中药材生产创造出广阔天地。

三、特色药材规范化生产的主要内容

《中药材生产质量管理规范》(GAP)包括药用植物栽培管理和药用动物养殖管理。其中药用植物栽培管理,包括中药材产地的生态环境,种质和繁殖材料,栽培管理,采收与初加工,包装、运输与贮藏,质量管理,人员和设备管理等,都有明确规定。药用动物管理包括药用动物生存环境、食性、行为特点，动物的活动季节、昼夜活动规律及不同生长周期和生理特点，动物栖息、行为特性，养殖环境的清洁卫生、疫病防治及育种繁殖等，均有详细规定。

GAP是中药材生产的指南，在进行中药材生产和生产基地建设时，均需要依据GAP，在总结前人生产经验的基础上，通过科学研究、生产试验，根据不同的生产品种、环境特点，制定出每种中药材的切实可行的、达到GAP要求的"规范化生产标准操作规程"(SOP)。并坚决按照规范化生产操作规程实施。这是保证中药材质量的先决条件。只有保证了中药材质量，才能保证中药和中成药的质量。

四、特色药材规范化生产的具体实施

特色药材规范化生产从立项、建园、田间和饲养管理、采收加工、市场需求、质量规范和生长特性的每一个环节都要进行严格的监控管理。特色药材GAP生产的标准化是一项系统工程，涉及医药、农林、外贸、技术监督等部门，需要政府、企业、科研单位、广大农户的广泛交流和协调配合，按照GAP为特色药材生产所提供的要求和准则，各生产基地应根据各自的生产品种、环境特点、技术状态、经济实力和科研能力，制定出切实可行的、达到GAP要求的方法和措施，即《规范化生产标准操作规程》(SOP)。SOP是一个可靠的追溯系统，是所有参与特色药材生产的研究、管理及生产人员所应掌握的技术标准。将SOP真正落实到特色药材生产的每一个环节，保证生产的全面性和真实性，保证基地建设严格按照GAP要求进行。

由于当前我国的中药材生产的技术水平不高，还无法规范和达到中药材GAP的要求，束缚了中药材GAP的实施。需要出现一些药材生产的龙头企业，由此带动整个中药行业的GAP实施。

五、特色药材《规范化生产标准操作规程》(SOP)的制定原则

(一)区域性原则

区域性就是地道药材的区域指标,在药材生产中必须予以重视,坚持发展地道药材。地道药材是来源于特定产区的优质药材。地道药材是该药材原物种在其产地受自然环境和人类活动的影响而形成的历史产物,其成因分为遗传主导型、生态主导型、技术主导型、传媒主导型,以及多因子主导型。除遗传主导型外,生态环境的影响十分重要。坚持发展地道药材,以保证生产药材的优良品质。在制定SOP时,首先要根据本地自然条件选好药用动、植物种类或品种。以地道药材产区的环境指标为依据,总结出最佳适宜区指标的具体参数,从降水、气温、光照、土壤类型等方面设立具体指标范围。新发展的生产区,应按照传统地道药材产区的各项指标进行对照引种,如果完全相同,即为最佳适宜区;如能满足80%以上的环境指标,为适宜区;如有限制因子存在,则为不适宜区。通过自然环境与原产地的对比,即可确定出适宜程度的高低。

(二)安全性原则

安全性原则也即无害化原则。在制定SOP时,一定要按照GAP的要求来做。首先应对农业环境质量现状进行评价和动态变化的评估,要求特色药材生产区域无污染源。空气、土壤、水源应达到国家规定的质量标准;其次是对特色药材种源标准的确定;病虫害的种类、发生规律及综合防治方法的研究制定,以及农药使用范围及安全使用标准;农药最高残留及安全间隔期的确定;肥料的合理使用及农家肥的无害化处理措施;药用动物的饵料搭配及其安全管理标准;制定药材的采收与加工标准;包装、贮藏及运输标准等。

(三)可操作性原则

在制定 SOP 时,要有适用性和可操作性。特色药材的生产,除要求优越的自然环境外,也需要良好的社会经济环境、技术支撑、投资环境以及交通、供水、动力、通讯、治安等。

(四)技术可靠性原则

制定 SOP 是一项技术性很强的工作。要由专家和技术人员来做。所制定的每一项具体技术指标,都要以特色药材生物学特性为基础,都要符合 GAP 要求,具有可靠性。

六、特色药材 SOP 的制定

(一)编写 SOP 的基本路线

1. 概述 要求。

2. 前言 在前言中必须说明如下统一规定:

本规程由:××××××××××××提出并归口。

本规程起草单位:××××××××××××。

本规程主要起草人:×××。

本规程委托××××××××××××负责解释。

(二)正文要求

1. 内容与范围

(1)内容 本规程规定了××特色药材生产管理规范所需生产产地的选择、环境条件及污染物指标值、特色药材的品种、生产技术、病虫害防治、产品采收加工及药材商品质量控制。

(2)范围 本规程的特色药材适用××地区××特色药材的生产。

2. 引用标准 主要引用国家颁布实施的 GB 3095—1996 环境空气质量标准;GB 5618—1995 土壤环境质量标准;GB 5048—1992 农田灌溉水质标准。

3. 术语和定义 包括产地、环境条件、农药残留、药材最佳采收期的术语和定义。

4. 生态环境 包括气候条件、土壤情况、农田灌溉水质、大气质量、周边环境等。

5. 原种鉴定 对所生产的特色药材需要进行植物学的原植物鉴定。

6. 良种繁育 繁殖材料和繁殖方法。

7. 选地与整地及饲养场地 栽培用地的土质、栽培方式、施肥种类和标准,饲养场选择与建筑。

8. 播种时期和方法

9. 田间管理及饲养管理 间苗、中耕、除草、追肥、浇水、搭架、整枝、修剪等;饲养方式与方法、饲料配比、饮水时间及次数、养殖环境的清洁卫生、消毒制度的建立等。

10. 病害与虫害防治 病害、虫害种类,危害症状,防治方法。

11. 药材采收加工 采收时间和采收方法,产地加工。

12. 质量标准 感观指标,理化指标,卫生指标等。

13. 生产过程记录项目 包括种子、种苗和繁殖材料的来源,生产技术过程、播种、田间管理、肥料、农药收获、加工及贮藏运输等;药用动物种类及来源、饲养技术、育种繁殖等。

第二章　特色药材规范化生产管理

一、生产用地管理

(一)生态环境质量标准

特色药材的生产用地，首先必须考虑用地的生态环境的质量。生态环境是特色药材规范化生产中的重中之重。主要包括大气环境质量标准、农田灌溉水质标准和土壤质量标准。

1. 大气环境质量标准　见表 2-1。

表 2-1　大气环境质量标准

项　目	标　　准		
	日平均*	任何一次**	单位
二氧化硫	0.05	0.15	毫克/米^3
氮氧化物	0.05	0.1	
总悬浮微粒	0.15	0.30	
氟	7		微克/分米^2·日

注：*“日平均”任何一日的平均浓度不许超过的限值；

**“任何一次”为任何一次采样测定不许超过的浓度限值

2. 农田灌溉水质量标准　见表 2-2。

表 2-2　农田灌溉水质量标准

项　　目	标准(毫克/升)
pH 值	5.5～8.5
总　汞	≤0.001
总　镉	≤0.005

续表 2-2

项　目	标准(毫克/升)
总　砷	≤0.05(水田)0.5(旱作)
总　铅	≤0.1
氯化物	≤250
氟化物	≤2.0(高氟区)3.0(一般地区)
氰化物	≤0.5

3. 土壤质量标准　见表 2-3。

表 2-3　土壤质量标准

项　目	含量限值	
	pH 值 6.5～7.5	pH 值>7.5
镉(毫克/千克)	≤0.30	0.60
总汞（毫克/千克）	≤0.50	0.50
总砷（毫克/千克）	≤25	25
铬（毫克/千克）	≤100	100
铅（毫克/千克）	≤100	100
铜(毫克/千克)	≤100	100

注:重金属铬(主要为三价)和砷均按元素量计,适用于阴离子交换量>5 毫摩(土)/千克土样,若≤毫摩(土)/千克,其标准为表内数值的半数

(二)生产用地的选择

1. 根据特色药材生态类型选择　特色药材的生态条件大体可分为林下、干生、中生、岩生和湿生 5 个类型。各种生态类型的特色药材在各自的生态条件下长期生存,形成了各自的生态条件的适应性。如林下生长的药材由于有高大的树木遮荫,形成了喜阴的特性,需要在遮荫和凉爽的气候条件下才能生长良好。如特色药材黄连和三七就是典型的林下生长的药材。这些药材在人工栽培时,就需要模拟野生条件下的生态环境才能栽培成功。

2. 根据土壤肥力的选择 土壤是药材生产的基础，其基本特性是具有肥力。而影响土壤肥力的因素主要有土壤质地、有机质含量、营养元素、水分和酸碱度等。

(1)土壤质地 土壤质地一般根据土壤沙粒或黏粒含量的百分数，又把土壤分为沙土、壤土和黏土。

(2)土壤有机质 土壤有机质含有植物所需的一切养分，如碳、氢、氧、氮、磷、钙、镁等多种元素。土壤有机质既是土壤养分和能量的主要来源，又能调节土壤的酸碱度，这样有利于微生物的活动，反过来又有助于土壤有机质的分解，增加土壤肥力。

(3)土壤酸碱度 土壤酸碱度是土壤的重要性质之一，与药用植物的生长发育有着密切关系，不同的土壤有不同的酸碱度，不同酸碱度的土壤适于生产不同的药用植物，应根据植物特性予以选择。

(三)土壤耕作

1. 深耕和耕翻

(1)深耕 深耕是药材生产的一项重要技术措施，这样既可减少土壤水分的损失，又可消灭多年生杂草，深耕的深度一般达25～35 厘米。

(2)耕翻 就是将耕作层的土壤翻起。其深度为 20～25 厘米，结合耕翻，消灭残茬，并使土壤和肥料充分混合，调节土壤的水、肥、气、热。熟化土壤，改善土壤物理性状，提高土壤肥力。

2. 碎土和起垄做畦

(1)碎土 即耕翻后，应及时用耙把土块碎细整平，使土壤疏松有利于播种。

(2)起垄 适合地下水位较高的地区。起垄可提高地温，便于排水和田间管理。垄的大小应根据药材种类而定。

(3)做畦 做畦适于密植，能充分利用土地。做畦可根据地势、地形和地下水位的高低做成高畦、平畦和低畦。

二、种子管理

（一）种子的采收

利用种子繁殖的药用植物，必须采集优良的种子，首先品种要纯正，其次是要成熟的种子。采收时多选择植株健壮、生活力强、株形好、无病虫害的植株采种，这样的植株生产的种子，质量好，发芽率高。

（二）种子的贮藏

药用植物种子贮藏的好坏，直接关系到种子的品质及发芽率，因此，对种子的贮藏至关重要。

目前种子的贮藏方法有以下两种：

1. 干藏法　大多数药用植物种子多采用干藏的方法。一般将采收的种子晒干或阴干后放入布袋，置于凉爽干燥通风的室内贮藏；或放于密闭的容器内低温保存，如冰箱或冷库等。

2. 湿藏法　凡一经脱水干燥便会丧失生活力的种子，就必须置于湿润的环境中贮藏，一般多采用湿沙或其他基质贮藏。

（三）播种前种子的处理

1. 选种　播种前必须将种子中的杂质及害虫粒、霉烂粒等除去，使种子纯度更高，提高种子质量。

2. 种子处理

（1）浸种　浸种即用冷水、温水或冷热水变温交替进行浸种。浸种不仅能使种皮软化，增强透性，促进种子萌发，而且还能杀死种子内外所带的病原菌，防止病害传播。不同的种子浸种时间和水的温度都不相同，应根据品种而定。

（2）晒种　即将种子放在日光下晒。晒种有促进种子后熟，提高种子发芽率和发芽势，并有防治病虫害的作用。晒种时间的长短要根据药用植物的种子特性和温度高低而定。

(3)层积处理　层积处理是打破种子休眠的常用方法。如黄连等种子常用层积法来促进种子后熟。层积法即将种子与清洁湿润的细河沙按 3∶1 或 1∶5 的比例充分拌均匀,装入木箱或大口径的花盆内放入阴凉处静置一段时间。

三、田间管理

(一)苗期管理

当小苗大部分出土后,即进行间苗。间苗的次数应根据种类而定,小粒种子比大粒种子间苗次数要多。最后一次间苗即为定苗。定苗根据药用植物的株行距要求而定。

(二)水分管理

1. 浇　水

(1)浇水量、次数和时间　要根据药用植物需水特性、生育阶段、气候、土壤条件而定,要适时、适量,合理灌溉。

(2)浇水种类　主要有播种前浇水、催苗浇水、生长期浇水及冬季浇水等。

(3)浇水方法　分畦灌、沟灌、滴灌、渗灌、浇灌等。

2. 排水　排水是以人工的方法排除土壤空隙中的水分和地面积水,改善土壤通气状况,加强土壤中好气微生物活力,促进植物残体分解,避免涝害。一般多采用开沟(明沟或暗沟)排水。

(三)中耕除草与培土管理

中耕除草是药用植物生产中经常性的田间管理工作,其目的是:消灭杂草,减少养分损失;防止病虫的孳生蔓延;疏松土壤,流通空气,加强保墒;早春中耕可提高地温。中耕除草一般在封垄前、土壤湿度不大时进行。中耕深度要根据根部生长情况而定。根群多且分布于土壤表层的宜浅耕;根群深的可适当深耕。中耕次数应根据气候、土壤和植物生长情况而定。苗期杂草易孳生,土壤易板结，中耕宜勤；成株期枝叶繁茂，中耕次数宜少，以免损伤植株。如因气候干燥或土壤黏重板结，应多中耕；浇水后，为避免土壤板结，待地表稍干时中耕。

培土能保护植物越冬过夏，避免根部裸露，防止倒伏，保护芽苞，促进生根。培土时间视不同植物而定，一二年生植物，在生长中后期可结合中耕进行；多年生草本和木本植物，一般在入冬时结合越冬防冻进行。

（四）覆　盖

播种后为了防止土壤水分蒸发，使土壤不易板结，可将树枝树叶、稻草、麦秆、谷糠、土壤等盖在苗圃地面上。覆盖还有保温防冻等作用，有利于出苗及移植后的植株成活和生长。

（五）遮阴与搭棚

对阴生植物如三七等和苗期喜阴的植物，为避免高温和强光危害，需要搭棚遮阴。由于药用植物种类不同及不同发育期对光的要求不一，因此，还需根据不同种类和生长发育时期，对棚内透光度进行合理的调节。至于棚的高度和方位，则应根据地形、气候和药用植物生长习性而定。

（六）整枝修剪

整枝是通过修剪植物枝叶来控制植物生长的一种管理措施。整枝后可以改善通风条件，加强同化作用，调节养分和水分的运转，减少养分的无益消耗，提高植物的生理活性，从而增加植物的产量和改善药材品质。枝叶密集的药用植物可将植株底部的枝叶适当摘除，以便通风透气。

四、施肥管理

（一）特色药材所需的营养元素

概括地说药用植物生长需要多种化学元素构成植物个体，并维持生命活力，这些元素叫营养元素。经分析表明，植物体需要70多种元素。其中碳、氢、氧、磷、钾、钙、镁、硫、铁等元素需求量较大，称为常量元素。而硼、锰、钼、锌、铜等元素需求量较少，称为微量元素。这些元素对植物正常生长发育均有影响，也称必需植物营养元素。

在植物必需的营养元素中，常量元素和微量元素含量虽然很悬殊，但是同样重要。如碳、氢、氧、氮、磷、硫等为碳水化合物、脂肪、蛋白质的核蛋白的成分，也是构成植物的基本物质；铁、锰、硼、钼、钴等是构成植物体各种酶的成分；钾、钙、氯等是维持生命活动所必需的元素，这十几种元素在植物生长发育中是同样重要的。

在植物必需的元素中，各种元素各有特殊的作用，不能相互替代。微量元素因为植物需要量少，一般土壤都能满足需要，只有少数土壤需要补充。在常量元素中，碳、氢、氧可从空气和水中取得，而所需要的大量氮、磷、钾一般土壤供给能力很小，需要通过施肥来补充，方能满足药用植物的正常生长发育。

（二）肥料的种类和性质

药用植物常用的肥料有：有机肥料、无机肥料、叶面（根外）肥料等。

1. 有机肥料

（1）农家肥料　农家肥是我国农业生产中的一种重要肥料，是指就地取材、积制、就地使用的，含有大量的生物物质、动物残体、排泄物、生物废物等物质的各种有机肥料。施用农家肥料，不仅能为药用植物提供全面的营养，而且肥效长，可以增加和更新土壤有机质，促进微生物繁殖，改良土壤的理化性状和生物活性，是生产特色药材及其他中药材符合GAP产品的主要养分来源。农家肥料的主要种类有：人粪尿和家畜粪尿。其中，人粪尿是一种养分含量高、肥效快的有机肥料。

（2）厩肥（圈肥）　是一种家畜粪尿、褥草和饲料残余的混合物。一般运出厩外堆积，根据堆积先后和分解度的不同有新鲜、半腐熟和腐熟3种状态。厩肥富含氮、磷、钾等多种养分和有机质。施入土壤后继续分解，能提供多种养分，改良土壤结构，促进土壤微生物活动，分解产生的二氧化碳供应植物吸收利用，促进光合作用。它适用于多种药用植物，新鲜的只能作基肥；半腐熟的也作基肥为主；腐熟的作种肥和追肥。

(3)堆肥　堆肥多以蒿秆、杂草、落叶或符合积肥条件的垃圾堆积起来，加一些含氮较多的原料，经过腐熟而成的肥料。腐熟差的作基肥；腐熟好的可作种肥和追肥，适合于各种药用植物。堆肥堆积时要注意，严禁用医院垃圾、粪便及有污染的城市生活垃圾、工业垃圾做原料。

(4)绿肥　野生或栽培的绿色植物翻入土壤中作肥料的称为绿肥。绿肥含有多种养分和大量有机质，能改善土壤物理性质、培养地力、熟化土壤，还可作为沤肥原料。豆科绿肥植物有根瘤菌，能固定空气中的氮素，增加土壤中氮素的含量。绿肥要在作物播种或移栽前1～2周耕翻。绿肥无论是翻压还田，还是过腹还田，都有提高土壤肥力的作用。若有机肥料来源不足时，可采用种植豆科植物翻压还田方法，以增加土壤肥力。

(5)饼肥　油料作物的种子榨油的残渣用作肥料时叫饼肥。油饼种类很多，所含养分大部分为有机态，发酵后作基肥或追肥。适用于各种药用植物和各种土壤。饼肥中富含有机质和氮素，以及相当数量的磷、钾和各种微量元素。

(6)秸秆肥　农作物的秸秆是重要的有机肥料之一。作物秸秆含有相当数量的为作物所必需的营养元素（氮、磷、钾、钙、硫等）。将作物秸秆充分粉碎，均匀撒施于田间，翻压在耕作层土壤中，在适宜的条件下通过土壤微生物的作用，这些元素经过矿化再回到土壤中，为作物吸收利用。选用秸秆还田种植特色药材，必须提前1年翻压，使秸秆在土壤中充分腐烂分解后方能使用。

2. 无机肥料　无机肥料又叫矿物质肥料、化学肥料，简称化肥。无机肥料的特点是不含有机质，含植物能利用的养分数量大，但种类少，形态简单，大都能溶于水或弱酸，能直接被植物吸收利用，肥效快，但不持久。按所含养分一般分为氮肥、磷肥、钾肥和复合肥。

(1)氮肥　主要有硫酸铵、碳酸铵、尿素、氯化铵、石灰氮、氨水等。其中硫酸铵、碳酸铵多作种肥和追肥；尿素可作追肥，不能作种肥；氯化铵水旱地均可施用，水浇地宜作追肥；石灰氮可作基肥；氨水可作基肥和追肥。一般不能与碱性肥料混用。作追肥时不宜与植株茎叶接触，以免烧苗。

(2)磷肥　主要有过磷酸钙、磷酸二氢钾、钙镁磷肥。过磷酸钙可作基肥和根外追肥，不宜与草木灰等碱性肥料混合施用。磷酸二氢钾既含磷，也含钾，一般含五氧化二磷 52%，含氧化钾 34%，可作基肥和追肥；钙镁磷肥肥效较慢，与堆肥腐熟后作基肥，不宜与铵态氮混合施用。

(3)钾肥　主要有硫酸钾、氯化钾、磷酸二氢钾。硫酸钾可作追肥，可与有机肥混合施用；氯化钾可作追肥，不宜施于盐碱地。

(4)复合肥　主要有磷酸一铵、磷酸二铵、硝酸钾、磷酸铵、硝磷钾和硝酸磷钾等。一般都可作基肥和追肥施用。

3. 叶面肥料　是喷施于植物叶片并能被其吸收利用的肥料，也称根外追肥。其含有少量天然的植物生长调节剂，不得含有化学合成的植物生长调节剂。

4. 禁止使用的肥料　特色药材规范化生产中禁止使用未经无害化处理的城市生活垃圾，禁止使用工业垃圾、医院垃圾及粪便。禁止使用硝态氮化学合成肥料（如硝酸铵、硝酸钠、硝酸钙）。

(三)施肥管理

1. 施肥技术　标准化生产要求药材商品硝酸盐含量不超过标准，目前检查商品药材硝酸盐含量过高，主要原因是氮肥施用量过多，有机肥料使用偏少，磷、钾肥搭配不合理而造成。另外，中药材标准化生产中要求施用肥料时，必须有足够数量的有机物质返回土壤，以保持或增加土壤肥力及土壤生物活性，特色药材规范化生产的肥料使用须遵循以下准则。

第一，所有有机肥料或无机肥料，尤其是富含氮的肥料，应以对环境和药材（营养、味道、品质和植物抗性）不产生不良后果为原则。

第二，尽量选用国家生产绿色食品的各类使用准则中允许使用的肥料种类，可适当有限度地使用部分化学合成肥料，但禁止使用硝态氮肥，以生产出符合无公害、绿色标准的中药材。

第三，使用化肥时，必须与有机肥料配合施用，有机氮与无机氮之比以1∶1为宜，大约厩肥1 000千克加尿素110千克（厩肥作基肥、尿素作基肥和追肥用），最后1次追肥必须在收获前30天进行。化肥也可与有机肥、微生物肥配合施用。其比例是：厩肥1 000千克，加尿素10千克或磷酸二铵20千克，再加适量的微生物肥料。

第四，饼肥对特色药材的品质有较好作用，腐熟的饼肥可适当多用，一般高氮油饼不含有毒物质，作为肥料只需粉碎就能施用。含氮量低的油饼常含有皂素或其他有毒物质，作肥料时需先经发酵，消除毒素（含毒素的油饼有菜子饼、茶籽饼、桐籽饼、蓖麻饼、柏籽饼、花椒籽饼和椿树籽饼等）。

第五，叶面肥料喷施于作物叶面，可使用1次或多次，但最后1次必须在收获前20天喷施。

2. 施肥方法 特色药材的种类、品种不同，在生长发育不同阶段所需养分的种类、数量以及对养分吸收的强度亦有差异。因此，必须了解药用植物的营养特性，因地制宜地进行施肥。一般将对于多年生的，特别是根类和地下茎类药用植物，如黄连、三七、莪术等，最好施用肥效较长的、有利于地下部生长的肥料，如重施农家肥，增施磷、钾肥，配合使用化肥；一般草类药用植物可适量增施氮肥；花、果实、种子类的药材应多施磷、钾肥。其施用方法如下：

(1)基肥 基肥又称底肥，整地前施足充分腐熟的厩肥或堆肥，然后耕翻与土耙匀。

(2)追肥 追肥又叫补肥，是在植物生长期间，根据植物对养分的需要，为补充基肥不足而施的肥料。为了及时满足其对养分的需要，追肥宜用速效性肥料，多以化肥为主。腐熟良好的堆肥、厩肥、绿肥等也可作为追肥施用。追肥有穴施、开沟施等，施后要覆土保肥。也可进行根外追肥。

(3)肥料的混合施用 为了增强肥效，一般有机肥与化肥混合施用效果较好。但不是所有的肥料均可混合施用，有的肥料可混施，有的肥料却不可混合施用，如厩肥或人畜粪尿可以与过磷酸钙、磷矿粉、骨粉混合施用，但不可以与碳酸氢铵混合施用。因此，在混合施肥时，一定要了解哪些肥可以混合施用，哪些肥不可以混合施用(表 2-4)。

表 2-4 常用肥料混合施用配伍表

肥料名称	人粪尿	厩肥	硫酸铵	尿素	氯化铵	碳酸氢铵	硝酸铵	氨水	钙镁磷肥	过磷酸钙	磷矿粉	骨粉	草木灰	氯化钙	硫酸钾
人粪尿	+	+	○	−	○	−	○	○	○	+	+	+	−	○	○
厩　肥	+	+	○	○	○	−	○	+	+	+	+	+	−	○	○
硫酸铵	○	○	+	○	○	○	○	−	○	−	○	○	−	+	+
尿　素	−	○	○	+	○	−	○	−	○	○	○	○	−	○	+
氯化铵	○	○	○	○	+	○	○		○	○	○	○	○	+	+
碳酸氢铵	−	−	○	−	○	+	○	−	−	○	−	−	−	○	○
硝酸铵	○	○	○	○	○	○	+		○	○	○	○	−	○	○
氨　水	○	+	−	−	−	−	−	+	○	○	○	○	−	+	○
钙镁磷肥	○	+	○	○	○	−	○	○	+	−	○	○	○	○	○

续表 2-4

肥料名称	人粪尿	厩肥	硫酸铵	尿素	氯化铵	碳酸氢铵	硝酸铵	氨水	钙镁磷肥	过磷酸钙	磷矿粉	骨粉	草木灰	氯化钙	硫酸钾
过磷酸钙	+	+	+	○	○	○	○	○	—	+	○	○	—	○	○
磷矿粉	+	+	○	○	○	—	○	○	○	○	+	○	—	+	+
骨　粉	+	+	○	○	○	—	○	○	○	○	○	+		+	+
草木灰	—	—	—	—	○	—	—	—	○	—	—		+	○	○
氯化钙	○	○	+	○	+	○	○	○	○	○	+	+	○	+	+
硫酸钾	○	○	+	+	+	○	○	+	○	○	+	+	○	+	+

注:“+”表示可以混合;“—”表示不可以混合;“○”表示混合后立即施用

五、病虫害防治

(一)农业防治

农业防治就是用先进的农业科学技术措施来抑制和消灭病虫害的发生、发展和危害。

农业防治的基本内容有以下 3 个方面:一是增强抵抗病虫害的能力,改变病虫害发生发展的环境条件和病虫寄主及其食料对象,破坏病虫的潜伏和隐蔽场所,使它们无法生存。二是选育高产优质抗病虫的药材种类和品种,减轻或免受病虫的侵入和危害。三是把病虫消灭在前期,防止其继续蔓延和危害。

为了有效预防特色药材病虫害的发生,在栽培管理上应做到以下几点。

第一,选育抗病虫害品种。选育抗病虫害性强的品种是经济有效防治病虫害的措施。药材种类和品种不同,对病虫抗性有很大差异。在选育抗病虫的药材品种时,必须以丰产和优质为前提,否则虽然减轻或避免了病虫危害,但达不到高产优质的目的。

同时，品种的抗病能力是在不断变化的，往往因地区、环境和时间等条件的改变而丧失抗病虫害能力。为了保持药材品种的抗病虫性能，必须不断地进行选择、更新和选育新的抗病虫品种，同时还要不断调种，避免在一个地区内品种的单一化。

第二，合理轮作。不同药材有不同病虫害，而各种病虫害又有一定的寄主范围。因此，在一个地区或在一块地上经常轮作不同的药材品种和农作物，可对病虫起着恶化营养条件的作用，这对土壤带菌的病害，以及那些食性很窄的单食性和寡食性害虫更易见效。同时经常轮作，还可以改变土壤结构，有利于药材生长，增强对病虫害的抵抗能力，提高产量。所以，统一安排搭配药材品种，有计划地每隔一定年限轮作各种不同的作物，是防治病虫害的有效措施。

第三，深耕细作。深耕细作可直接改变土壤环境，促进植物的根系发育，增强吸肥能力，保证作物生长发育健壮，是获得药材丰收的重要措施。深翻土壤可将土表的害虫翻入下层窒息而死，并可破坏害虫巢穴和土室，将栖息于土中的病菌、害虫翻至土表，受阳光暴晒、雨水的冲击、冰雪的侵袭而死，或有利于天敌捕食。所以，深耕有直接杀虫、灭菌的效果。

第四，合理施肥。肥料的合理施用，可促进药材生长健壮，提高对病虫害的抵抗能力。合理施肥还可以改变土壤的理化性状，在一定程度上还可以抑制病虫的发生和发展，有些肥料本身就有杀死害虫的能力，直接起着防治的作用。例如菜子饼、过磷酸钙、草木灰和石灰氮及抗菌肥料等，可分别杀灭和防治蛞蝓、蚜虫、蜗牛和多种地下害虫及某些土壤带菌的危害。

但施肥时要注意，富含腐殖质的有机肥料（粪肥、厩肥等）本身就是许多腐食性害虫的食物和另一些害虫的隐蔽场所。所以，在地里施用有机肥，必须经腐熟处理作基肥使用。

合理施肥要根据药材种类、生长发育状况、土壤性状及其环境条件的不同，其标准也不一样。一般原则是：施足基肥，分次施入追肥；有机肥料和无机肥料合理搭配，速效肥料和迟效肥料合理安排，氮、磷、钾三要素有正确的比例。

第五，除草和清洁田园。杂草的生长，不仅与药材争夺肥料，而且也是许多害虫的中间寄主和发源地。所以，勤除草可以消灭或减少害虫的隐蔽场所或病菌的发源地。因此，必须结合各季积肥和土壤深耕，除掉田间地边杂草，勤管理，见草就除，并将所除杂草及枯枝残叶集中堆积制肥或深埋处理，可减少病虫害的传染来源，减轻翌年虫害的发生，也是消灭病虫害的一项重要措施。

（二）生物防治

生物防治是利用某些生物或生物的代谢产物来抑制或消灭有害生物的方法。生物防治可以改变害虫种群组成成分，而且能直接消灭大量害虫。生物防治不仅对人、畜、植物安全，也不会使害虫产生抗性。生物防治是具体贯彻“防重于治”综合防治措施的重要方面。

（三）物理防治

物理防治是利用各种因素和器械等来防治害虫的方法。常用的有以下几种。

1. 简单器械的利用　利用某些病虫的聚集和某些特性加以扑灭，可以收到良好的效果。有些害虫，如地蚕、蜗牛等大量发生时，进行机械捕捉。

2. 诱集和诱杀　利用害虫的趋光性和一些特殊生活习性，设计诱集器械进行消灭。灯光可以诱杀很多害虫。

3. 晒种消毒　药材种子入库前都应暴晒，可以防止害虫的为害，减少霉烂和虫蛀。

（四）化学防治

化学防治是目前控制病虫害，保证药材生产高产、稳产的一项重要措施。但是必须禁止使用高毒、高残留农药（表 2-5），有限制地使用部分有机合成农药(表2-6)。

表2-5　中药材生产中禁止使用的农药种类

种　　类	农药名称	禁用原因
有机氯杀虫剂	DDT、六六六、林丹、艾氏剂、狄氏剂、氯丹、硫丹、五氯酚、五氯酚钠、杀毒酚	高残留
有机磷杀虫剂	甲拌磷、乙拌磷、久效磷、对硫磷、甲基对硫磷、甲胺磷、甲基异柳磷、治螟磷、氧化乐果、磷胺、地虫硫磷、灭克磷(益收宝)、水胺硫磷、氯唑磷、硫线磷、丙线磷、杀扑磷、特丁硫磷、克线丹、苯线磷、甲基硫环磷乙酰、对硫磷、异丙磷、氯唑磷、三硫磷、蝇毒磷,以及含甲胺磷的复配剂	剧毒、高毒
氨基甲酸酯杀虫剂	涕灭威、克百威、灭多威、丁硫克百威、丙硫克百威、杀虫威、杀灭威、速灭威	高毒、剧毒或代谢物高毒
二甲基甲脒类杀虫剂	杀虫脒	慢性毒性、致癌
卤代烷类熏蒸杀虫剂	二溴乙烷、环氧乙烷、二溴氯丙烷、溴甲烷	致癌、致畸、高毒
其他熏蒸剂	氯化苦、磷化锌	剧毒、高毒
大环内酯化合物	阿维菌素	高毒
无机砷杀虫剂	砷酸钙、砷酸铅	高毒
有机砷杀虫剂	甲基砷酸锌(稻脚青)、甲基砷酸钙(稻宁)、甲基砷酸铁铵(田安)、福美甲胂、福美胂	高残留

续表 2-5

种　　类	农药名称	禁用原因
有机汞杀菌剂	氯化乙基汞(西力生)、醋酸苯汞(赛力散)	剧毒、高毒
氟制剂	氟化钙、氟化钠、氟乙酸钠、氟铝酸胺、氟硅酸胺、氟硅酸钠	剧毒、高毒易产生药害
有机氯杀螨剂	三氯杀螨醇	高残留
有机磷杀菌剂	稻瘟净、稻虱稻瘟净(异溴米)	高毒
取代苯类杀菌剂	五氯硝基苯、稻瘟醇(五氯苯甲醇)	致癌、高残留
有机锡杀菌剂	三苯基醋酸锡、三苯基氯化锡、三苯茎羟基锡、氯化锡	高残留、慢性毒性
有机硫杀螨剂	克螨特	慢性毒性

表 2-6　常用中药材生产中可以使用的农药种类

农药名称	毒性	剂　型	防治对象	667 米² 用量或稀释倍数	施药方法	每季度最多施用次数	末次施药距采收间隔
敌敌畏	中毒	50%乳油 80%乳油	蚜虫、鳞翅目害虫	150～250 毫升 500～1000 倍	喷雾	5	不少于 5 天
乐果	中毒	40%乳油	蚜虫、鳞翅目害虫	100～2000 倍	喷雾	6	不少于 7 天
马拉硫磷	低毒	50%乳油	蚜虫、鳞翅目害虫	1500～2500 倍	喷雾	1	不少于 7 天
辛硫磷	低毒	50%乳油	蚜虫、鳞翅目害虫	1500～2500 倍	喷雾	1	不少于 5 天
敌百虫	低毒	90%固体	地下害虫、鳞翅目害虫	500～1000 倍	毒土或喷雾	5	不少于 7 天
抗蚜威 ([illegible])	中毒	50%可湿性粉剂	蚜虫	10～20 克	喷雾	2	14 天
氯氰菊酯	中毒	10%乳油	蚜虫、鳞翅目害虫	2000 倍	喷雾	4	7 天
溴氰菊酯(速灭杀丁)	中毒	2.5%乳油	黏虫、蚜虫、食心虫	10～25 毫升	喷雾	2	7 天

续表 2-6

农药名称	毒性	剂　型	防治对象	667 米² 用量或稀释倍数	施药方法	每季度最多施用次数	末次施药距采收间隔
氰戊菊酯	中毒	20％乳油	蚜虫、螟虫、食心虫	20～40 毫升	喷雾	1	10 天
定虫隆（拟太保）	低毒	5％乳油	鳞翅目幼虫	40～140 毫升	喷雾	3	7 天
除虫脲	低毒	20％悬浮剂	鳞翅目幼虫	1600～3200 倍	喷雾	2	30 天
塞螨酮（尼索朗）	低毒	5％乳油，5％可湿性粉剂	螨	1500～2000 倍	喷雾	2	30 天
克螨特	低毒	73％乳油	螨	2000～3000 倍	喷雾	3	不少于 21 天
百菌清	低毒	75％可湿性粉剂	霜霉病	500～600 倍	喷雾	4	3 天
甲霜灵（瑞毒霉）	低毒	58％可湿性粉剂	霜霉病	500～800 倍	喷雾	6	21 天
多菌灵	低毒	25％可湿性粉剂	霜霉病	500～1000 倍	喷雾	2	不少于 5 天
异菌脲（扑海因）	低毒	25％悬浮剂	菌核病	140～200 毫升	喷雾	2	50 天
腐霉利（二甲菌）	低毒	50％可湿性粉剂	灰霉病、菌核病	40～50 克	喷雾	3	1 天
三唑酮（粉锈宁）	低毒	25％可湿性粉剂	锈病	500～1000 倍	喷雾	2	不少于 3 天

（五）常用农药的使用方法

1. 喷雾法　喷雾法是一种最普遍、最常用的方法。是通过喷雾机械将配制好的农药喷洒在施药对象上。喷雾法常用的是压力雾化法。常用的喷雾器有预压式和背囊压杆式两种。预压式在使用前先向喷雾器内冲压缩空气，达到一定的压力后向施药对象喷雾，喷雾时压力逐渐降低，雾粒也随之加粗，喷雾效果变差，需要重加压后，再行喷雾施药。背囊压杆式是小面积栽培最常用的喷雾工具，可边喷雾边压杆加压，雾粒较均匀，施药效果也好。大面积栽培，可用机械动力加压施药，喷雾射程远，效果好。

2. 拌种法 拌种法也是常用的防病、防虫方法。拌种法就是按种子重量的百分比，将药粉或配制好的水剂均匀地拌入种子中，经过搅拌使药粉均匀地黏附于种子表面。如用水剂，拌后需堆闷一段时间，使药液在种子表层形成药膜，或通过渗透、内吸使药液进入种皮，起到杀菌的作用。拌种一定要掌握好拌种剂量，以免发生药害。

3. 毒饵法 毒饵法主要用于防治地下害虫。一般将杀虫药按一定比例拌入饵料中，施放在施用对象出入的地方，进行诱杀。饵料可根据施药对象选用，有麦麸、豆饼、青草、糖、醋、蜜等。

4. 熏蒸法 熏蒸法多用于贮藏期间防虫、防霉等，也可用于土壤消毒。

六、采收、加工、贮藏与运输

（一）采　收

生产药用植物的目的是为了获得优质高产的药材。在栽培中，一要获得高产，二要提高有效成分含量。药用植物的产量和质量除了取决于适宜的栽培技术和精细的管理外，与适时的采收也有极为密切的关系。采收的时间不当，不仅影响药材的产量，更为重要的是影响药材的质量。

（二）加　工

1. 初加工的方法 药用植物的种类繁多，品种规格要求不一，各地传统加工习惯亦不相同，故加工方法各异。各地可因地制宜进行加工即可。

2. 药材干燥方法　药材采收回来后，在初加工时要及时进行干燥。干燥的目的是除去药材中所含的水分，减少体积，便于运输和贮藏。干燥时要根据药材种类、有效成分的性质，药材的特点，选择适当方法进行干燥。常用的方法有日晒、阴干和烘干等。

（1）晒干法　可将药材薄摊在无污染的水泥板或石灰晒场上晒干（不要摊晒在油漆地面上），或摊放在草（竹）席上置阳光下暴晒，直至晒干为止。如党参、薏苡仁等。

（2）阴干法　阴干法通常是将药材置于通风的室内或荫棚下，避免阳光直晒，利用空气流通使药材中的水分自然蒸发而达到干燥的目的。

（3）烘干法　此法是利用火坑或放在烘房架子上烘烤，使药材干燥，尤其适用于阴湿多雨的季节。烘烤芳香药材和含挥发油的果实种子等药材，温度要低一些，一般不超过 40℃。

（三）贮　藏

1. 贮藏前的准备　中药材加工质检后、贮藏运输前，要对中药材进行包装。按《中药材生产质量管理规范》的要求，所使用的包装材料应为坚固的箱、盒，包装材料应清洁、干燥、无污染、无破损，并保证药材质量。

包装前应检查并清除劣质品及异物。包装应按标准操作规程操作，每批包装应有记录，其内容应包括：品名、规格、产地、批号、重量、包装日期等。并应在每件药材包装上注明：品名、规格、产地、批号、重量、包装日期、生产单位等，并附有质量合格的标准。

2. 中药材的贮藏　不同中药材的药性不同，贮藏保存的方法也不一样。例如对难以保存的药材及少数贵重药材，如三七等，在设备条件允许下可置于低温（－5℃以下）进行冷藏处理。为减少和避免药材的变质现象，有时可利用两种或两种以上药材的互相作用，进行同处贮藏而避免或减轻虫蛀和变质。

药材仓库应通风、干燥、避光，必要时安装空调及除湿设备，并具有防鼠、虫、禽、畜的措施。地面应整洁、无缝隙，易清洁。

中药材在贮藏期间应放在货架上，并与墙壁保持足够的距离，防止虫蛀、霉变、腐烂、泛油等现象发生，并定期检查。在应用传统贮藏方法的同时，应注意选用现代贮藏保管新技术、新设备。

(四)运　输

1. 运输工具的准备　运输工具应与运输量相适应，运输工具必须清洁、无污染、有良好的通气性，并能保持干燥和有防潮措施。

2. 出货　在装运前，对所要运输的中药材种类、品名、产地、件数、重量等进行核对，检查是否有质量检验部门的产品合格证，并与出货人办理交接手续。

3. 启运　运输时，不得与其他有毒、有害、易串味物资混装。长途或批量运输，应装车整齐，绑扎牢固，应有专人押运，沿途不应有污染源，必要时，应加以遮盖，以防污染。

第三章　特色药用动物规范化饲养管理

一、饲养场地管理

(一)饲养场地的生态环境标准

应根据不同种类动物的生态生物学特性,按其各自的独有特性选择各自相适应的海拔、光照、温度、湿度、植被及土壤质地等生态环境。其环境的空气质量、饮水质量及土壤环境质量必须符合药用动物无公害生产的环境标准。

(二)饲养场地选择和建造

饲养场地是被饲养动物活动、栖息、繁殖的场所。它关系到被饲养动物能否正常存活、生长、发育和繁衍,是养殖成败的关键。因此,饲养场地的选择和建造至关重要。应根据所饲养动物的习性,选择与该动物在野生状态下的生活环境基本相近的地方,或建成类似于野生状态下的模拟生态环境。所选择或建造的场地,应尽可能满足其活动、生长发育和繁衍的需要,否则养殖会失败。所以,饲养场地的选择和建造一定要按照野生动物生活习性和生物学特性来决定。但无论选择怎样的适生环境,其饲养场地的建造,都必须选择远离污染源(基地周边5千米以内无矿山、企业、医院等),并具有持续生产能力的区域。

二、饲养管理

(一)饵料配制及饮水管理

饵料是动物维持生命、繁衍后代的物质基础。不同种类动物对饵料种类的需求是不一样的,有肉食性、植食性和杂食性等不同类型。但无论哪种食性的动物,其对食物的营养成分的需要一般都离不开蛋白质、脂肪、维生素及各种微量元素。

在饲养过程中,应根据不同种动物对饵料的适口性和数量的要求,合理搭配,适时适量投喂。保证食物鲜度和质量,切忌投喂腐烂变质及受污染的食物。

在投喂饵料的同时,还应注意饮用水的管理,所喂饮用水必须来自清洁新鲜无任何污染的水源。

(二)繁殖管理

掌握动物的繁殖规律和繁殖技术,可以提高动物的繁殖存活率。动物繁殖受生活条件的制约。光照、温度、湿度及食物等与动物的繁殖均有密切的关系。繁殖期间应根据不同种类动物对光照、温度、湿度、食物的需求,合理调控,尽可能满足其需要。尤其是食物营养成分含量的多寡对动物繁殖至关重要。因此,在动物繁殖过程中,除了适时喂食外,还必须保证供给富含营养的食物,方能提高繁殖存活率。

三、疾病防治

无论何种动物,或多或少都会有疾病发生。养殖实践证明,凡疾病的发生都与饲养管理有密切关系。只要坚持预防为主,注意环境卫生,食物供给适度,温、湿度及光照调控恰当,就可避免或减少疾病的发生。一旦受到病菌感染,应及时采取相应的防治措施,尽快控制其蔓延发展。

第四章　三七规范化生产技术

一、概　述

(一)植物来源、药用部位与药用历史

三七,又名参三七、田七,为五加科植物。

药用部位:以干燥块根入药。加工时剪下的根茎习称"剪口",支根习称"筋条",细的支根习称"绒根",亦可供药用。

本品入药始于明朝。历代医家对三七的功效做过详细论述。《本草纲目》云:"三七,近时始出,南人军中用为金疮要药,云有奇功"。又云:"凡杖扑伤损,瘀血淋漓者,随即,嚼烂,罨之即止,青肿者即消散。若受杖时,先服易二钱则血不冲心,杖后尤宜服之,产后服亦良"。《本草求真》谓:"三七,世人仅知功能止血住痛,殊不知痛因血瘀则痛作,血因敷散则血止。三七气味苦温能于血分化其血瘀……故凡金刃刀剪所伤,及以扑杖疮血出不止,嚼烂涂之,其血即止。月以吐血,衄血、下血、血痢、崩漏、经血不止,产后恶露不下,俱宜自嚼,或为末,米饮送下即愈"。张锡纯在《衷中参西录》中记载:"三七,善化瘀血,又善止血妄行,为吐衄要药。治愈后不致瘀血留于经络……兼治二便下血,女子崩漏,痢疾下血鲜红久治不愈,肠中腐烂,浸成溃疡,所下之痢色紫腥臭,杂以脂膜,此乃肠烂欲穿(三七能化腐生新,是以治之)为其善化瘀血,故又善治女子癥瘕,月事不通,化瘀血而不伤新血,为理血之要品"。陈士铎在《本草新编》书中写道:"三七,最止诸血,外血可遏,内血可禁,崩漏可除。世人不知其功,余用之止吐血,衄血,咯血与脐上出血,毛孔标血,无不神效"。又云:"三七根,止血之神药也,无论上中下之

血，凡有外越者，一味独用亦效，加入补血补气药之中则更神，盖止药得补而无沸腾之患，补药得止而有安静之休也”。

上述表明，医家对三七的功效认识基本趋于全面。现代研究也表明，三七能改善心血管系统功能，增强体质，增强脑力和记忆力，并具有明显的抗血栓、防止脑血管衰老的功能。

(二)资源分布与主产区

三七现仅分布于我国中高海拔的云南和广西交界处，分布的范围极其狭小，对生态环境有特殊要求。现多栽培，野生少见。主要分布于云南文山，广西靖西、凌云，四川普格，广东南雄，贵州望谟等地区。除云南、广西有较大面积的栽培外，四川、福建、湖北等省亦有少量的栽培。

目前，三七的主产区以云南的文山、砚山、广南、丘北及广西的百色等地区栽培面积最大，产量多，质量优。

(三)化学成分、药理作用、功能主治与临床应用

1. 化学成分 三七中含有多种达玛烷型四环三萜皂甙的活性成分。从根中分得人参皂甙 R_{91}、R_{92}、Rhi，20-O-葡萄糖人参皂甙 Rf，三七皂甙 R_1、R_2、R_3、R_4、R_6、R_7，绞股蓝甙Ⅹ、Ⅶ。从三七根的水溶性部分中分得止血有效成分田七氨酸(三七素)，为一种特殊氨基酸；同时还分得旋光异构体 β-N-草酰基-D-α-β 二氨基丙酸，也有止血活性；还含有天冬氨酸、谷氨酸、精氨酸、赖氨酸、亮氨酸等16种氨基酸，其中7种为人体必需氨基酸。三七根还含抗癌多炔成分：人参炔三醇。根的挥发油中含有：依兰油烯、香附子烯、橄香烯、α-古芸烯、β-荜澄茄油烯、丁香烯、α-柏木烯、花侧柏烯及棕榈酸甲酯、十七碳二烯酸甲酯、乙酸、棕榈酸、苯乙酮、黄酮甙等多种有机成分。亦含有多种矿物元素，如铁、铜、钴、锰、锌、钒、钼、氟等。

2. 药理作用

(1)对血液系统的作用

①止血作用 三七有较强的止血作用。用三七粉给兔、犬、小

鼠口服,均能缩短凝血时间或出凝血时间。止血效果随着药物剂量减少而降低。

②抗血小板聚集及溶栓作用 三七根总皂甙、三七人参二醇型皂甙及三醇型皂甙,具有抑制家兔及人血小板聚集的作用。冠心病病人使用三七后,其血小板聚集及黏着力都比使用前下降。

③溶血作用 有实验证实,以原人参三醇为甙元的Rg组皂甙Rg1和Rg2具有较强的溶血作用,而皂甙Re虽然其甙元也为人参三醇,但却无溶血作用,且有一定的抗溶血作用。进一步的研究表明,三七中同时存在着溶血和抗溶血的两类皂甙成分,不同的三七制剂随着两类皂甙含量不同,其溶血作用亦有差异。

(2)对心血管系统的作用

①抗冠心病作用 三七对冠心病、心绞痛有较好疗效。现代研究证明,三七绒根的乙醇提取物可使冠脉流量增加,提高心肌营养性血流量,降低心肌耗氧量,从而改善冠心病患者供血、供氧、恢复心肌供氧和耗氧之间的平衡。

②扩张血管和降压作用 三七有扩张血管、降低血压和抗动脉粥样硬化的作用。用60%三七注射液给麻醉狗静注可引起明显、迅速而持久的血压下降。三七总皂甙对不同部位的血管扩张作用表现有一定的选择性,对大动脉如主动脉、肺动脉的作用弱,而对小动脉和肾动脉及静脉(如门静脉)作用强。这一特点对治疗高血压病和冠心病是极为有利的。

③抗心律失常作用 三七总皂甙对各种药物诱发的心律失常,均有治疗作用。

④对脑缺血的影响 三七总皂甙能扩张脑血管,增加脑血管血流量。

⑤耐缺氧及抗休克作用 三七总皂甙能明显降低心肌氧耗量和氧利用率,具有改善心肌氧代谢的作用。

(3)对代谢的影响

①降血脂作用　实验证明,三七粉内服能阻止家兔肠道对脂肪的吸收,使血清胆固醇及甘油三酯含量显著降低,动物血管脂肪沉着显著减轻。

②对血糖的影响　三七根总皂甙能使小鼠空腹血糖轻度升高,能轻度降低葡萄糖性高血糖,有协同肾上腺素升高血糖的作用。

3. 功能主治与临床应用　三七味甘、微苦,性温。功能止血,散瘀,消肿,定痛。主治咯血、吐血、衄血、尿血、便血、血痢、妇女崩漏、产后血晕、外伤出血,及癥瘕积块、产后恶露不下、跌打损伤、痈疡肿痛等证。本品既能止血又能散瘀,止血而下不留瘀,散瘀而不妄行。如《本草新编》云:"三七根,止血之神药也,无论上、中、下之血,凡有外越者,一味独用亦效。加入于补血补气药中则更神"。《医学衷中参西录》谓:"三七,善化瘀血,又善止血妄行,为吐衄要药,病愈后不至瘀血留于经络,证变虚劳。"本品可治疗人体内外各种出血症,单用内服或外敷均有良好的止血作用,方如《外科证治全书》服金散。若配花蕊石、血余炭等药,则能增强止血化瘀之功,能治咯血、吐血、衄血及二便下血,方如《医学衷中参西录》化血丹。若失血证属血热者,则当配生地、白茅根、侧柏叶等药,以清热凉血止血;属阴虚血热者当配旱莲草、阿胶、龟板胶等药,以滋阴凉血止血;属虚寒者,可配山茱萸、仙鹤草、炮姜等药,以补虚温阳止血;属气虚失统而失血者,可配黄芪、党参、灶心土等药,以补气摄血止血。

若治外伤出血,可单用本品研末掺或配龙骨、血竭、象皮等药,以止血收口,方如《本草纲目拾遗》七宝散,用于跌扑瘀肿、胸痹绞痛、瘀血论闭、痛经及产后瘀阻腹痛。

三七善散瘀消肿止痛,为治瘀血诸证之佳品,被前人誉为伤科要药。治跌扑损伤、瘀血肿痛,单用即有散瘀消肿止痛之效,配以当归、红花、土鳖虫等药，其活血化瘀、消肿止痛之力更佳，方如《中国药典》跌打丸、跌打活血散。

治胸痹绞痛证属瘀血痹阻者，单用即可收通痹止痛之效，兼气虚者，当配人参、黄芪等药，以益气活血，通脉止痛；属阴虚积滞夹瘀者，则配合瓜蒌、薤白、桂枝等药，以涤痰通阳、化瘀止痛。

治癥瘕，常与三棱、莪术、鳖甲等药为伍，以化瘀消癥。治血瘀经闭、痛经，兼阳虚有寒者可配桂枝、艾叶、川芎等药，以温阳散寒、通经止痛；兼气虚血亏者，可配黄芪、当归、鸡血藤等药，以益气补血、通经止痛。治产后瘀阻腹痛，恶露不尽，配川芎、当归、桃仁等药，以散瘀止痛；若由瘀热阻滞者，则配益母草、败酱草、红藤等药，以清热凉血，散瘀止痛。

据近年临床报道，用三七粉内服治疗心绞痛、急性坏死性小肠炎等均取得良好效果，对肺部疾患之出血亦有效。

(四)栽培现状与发展前景

1. 栽培现状　据三七地道产区的记载，三七已有400多年的栽培历史，其使用历史达600年以上。由于三七是一种品质稳定的药食同源植物，是我国医药中常用的大宗药材之一，随着三七的开发利用的深入，人们对该药的需求越来越大。但由于三七的生长环境特殊，分布范围较狭，主产云南、广西的部分州县，目前已几乎没有野生资源，其市场的产品，主要来源于人工栽培。

回顾历史，新中国成立初期，主产区三七生产规模较小，产量不多。三七生产量受经济政策的影响和自然灾害、人为因素等制约，产量极不稳定。20世纪60年代以后曾出现过几次较大的起落，由于国家投入大量资金储备三七商品，调节市场需求，使三七产销逐年平稳增长，满足了市场的供应。但由于自然灾害的影响，粮食减产，粮药矛盾较为突出，三七的种植面积缩减，产品也随之下降。主产区云南的生产面积由600公顷下降到200公顷，产量仅1.2万千克。60年代末至70年代中期，国家为三七产量安排了专项资金，种植面积迅速扩大，其产量明显增加。1974 年全国收购量达 108 万千克，比 1965 年增长 36 倍，但销售量仅 28 万千克，因此到 80 年代中期，生产回落很大。由于，前几年的生产发展很快，产销比例失调，产品库存猛增。对此，国家及时调整了生产计划。但在调整的过程中，忽视了技术指导，放松了田间管理，病虫害严重，又使三七产量迅速下降。到 1984 年收购量仅 8 万千克，与 1975 年收购 101 万千克相比下降了 92%；而 1984 年的销售量却达 70 万千克，比 1975 年销售 32 万千克相比，增加了 1.2 倍。到 80 年代后至 90 年代，生产又有了回升，销售也较平稳。由于主产区减免了特产税，增加农业贷款等措施，扶持发展生产，放开经营后，三七的收购价提高，农民收入增加，种植的积极性提高，生产又出现了上升趋势，销售亦较稳定。据业内人士统计，全国三七的常年种植面积约为 1 333 公顷，一般年产量为 130 万～135 万千克，常年的市场需求量为 75 万～90 万千克。

由于 2010 年三七主产区的云南、广西遭受特大的旱灾，三七生产受到了严重影响，商品价格猛增。据资料报道，三七不仅产品绝收，甚至种源也几乎绝灭。鉴于此种情况，国家采取了一系列措施，制药行业也大量投资予以扶持，有望在近几年内，三七生产将恢复到灾前的水平。

2. 发展前景 随着医药事业的蓬勃发展及人民生活水平的不断提高，膳食结构的不断改变，人们对健康长寿和保健的愿望愈来愈强烈；并随着中药走向世界，人们把中药视为珍宝，许多名贵中药材成了国际市场的抢手货。因此，我国的中药材发展前景广阔，中药材的出口量也逐年增加。国际社会对天然药材的需求也日益增长。目前，据国际药材市场年交易额的初步统计已达 400 亿美元。国际社会对天然药材的研究与开发兴趣越来越浓，市场需求快速增长。科技部、国家药品食品监督管理局、国家中医药管理局在中药现代化产业基地建设中，提出要将中药材的种植规范化，使药材栽培中的良种选育、栽培技术、采收加工、贮藏与运输等生长中的各个环节规范化。种植出质量可靠、使农药残留量及重金属含量等标准控制在允许的范围内的优质中药材，以提高我国中药材在国际药材市场上的地位和竞争力。通过规范化生产出高产、优质无公害的三七药材，必将在药材市场上占据优势，为三七种植创造广阔天地。

三七是我国的名贵中药，为经典的止血良药，也是驰名中外的“云南白药”的主要成分之一。现代研究表明，三七含有多种化学成分，除主要药效成分三七皂甙外，尚含有20种单体皂甙和其他药用成分，如三七素、黄酮、挥发油、氨基酸、糖类及无机离子等。除资料记载三七具有止血、散血、消肿止痛外，尚具有许多新的生理活化成分，如具抗大脑衰老、抗心律失常、保护缺血性心肌细胞损伤、抑制血栓形成、降低血脂、降低血糖、保护急性肝损伤、对中枢神经系统镇静、镇痛等作用。现已用于治疗冠心病、糖尿病及癌症等疾病。已开发出“三七冠心宁”、“血塞通”等商品药，对冠心病、心脑血管疾病及中枢神经系统疾病疗效显著，深受患者欢迎。不仅如此，三七还是日用化工和高级营养保健品的重要原料，如三七口服液、三七牙膏等。

三七是药食兼用植物，随着三七的开发利用的深入，人们对该药的需求量越来越大。然而随着化肥及农药的广泛使用，使生态环境恶化，三七药材品质质量远远达不到医药工业生产要求及医药卫生要求。因此，生产符合要求的三七药材，建立三七的GAP生产基地，大力发展三七的药材生产，对满足人们的用药需求，提高人们的健康水平均具有重要的现实意义。

据业内人士的市场调查统计，20世纪90年代以来，每年的市场收购量为105万～115万千克，而市场需求量仅75万～90万千克，常年均有一定量的库存，其市场价格比较平稳，起伏不大，然而到2010年三七主产区遭受罕见的特大旱灾后，市场价格发生了剧烈变化，其价格由 60～90 元/千克，攀升到 550～700 元/千克，随后到 9 月份价格稍有回落，价位在 400～450 元/千克，到 10 月份其价格又回升，上升到 450～500 元/千克，究其原因主要是由于当年三七几乎绝收，兼之库存量不充足，而市场的需求并未减弱，因此短期内三七价格难于回落，预计两年后三七价格可能会有所下降。不过其价位不会低于 250～300 元/千克，适合于三七生产的地区，适当发展三七生产，可望取得理想的收益。

二、栽培技术

(一)植物形态特征

三七为五加科人参属多年生草本直立植物(图 4-1)，高 20～60 厘米，根茎(芦头)短，具有老茎残留痕迹。主根粗壮，肉质，纺锤体、倒圆锥形或圆柱形，常有疣状突起的分枝，长 2～5 厘米，直径 1～3 厘米，单一或有数条支根，外皮黄绿色至棕黄色。茎单一，直立，不分枝；光滑无毛，绿色、紫色或绿紫相杂的色。掌状复叶，3～7 片轮生茎顶；叶柄长 5～11 厘米，表面无毛；托叶线形，簇生，长不及 2 毫米；小叶通常 5～17 枚，膜质，长圆形至倒卵状长圆形，长5～15 厘米，宽 2～5 厘米，先端长渐尖，基部圆形至宽楔形，多不对称，叶

图 4-1　三　七

缘有细密锯齿，齿端具小刚毛，两面沿脉疏生刚毛，有时两面均近无毛；基部一对叶较小，长约7.5厘米，具小叶柄，宽约2厘米。总花梗从茎端叶柄中央抽出，直立，长20～30厘米；伞形花序单生，直径3～4厘米；有花80～100朵或更多，两性花，有时单性花和两性花共存；小花梗细短，基部具有鳞片状苞片；花萼绿色钟状，先端通常5齿裂，5花瓣，长圆状卵形，先端尖，黄绿色；5雄蕊，花药椭圆形，药背着生，内向纵裂，花丝线形；1雌蕊，子房下位，2～3室，花柱2枚，稍内弯，下部合生。核果状浆果，近肾形，长约6～9毫米；嫩时绿色，熟时鲜红色。种子1～3颗，扁球形，种皮白色。花期6～8月，果期8～10月。

（二）生态生物学特性

1. 生态环境特点　三七是一种生态幅较窄的亚热带高山药用植物。三七产区分布在北纬23°～24°、东经104°～107°的范围，产区的气候为热带与亚热带过渡特征，冬季不冷，夏季凉爽。产地云南一般海拔较高，气温较低，年温差较大，空气湿度较小，秋季常出现干旱天气；广西海拔较低，气温较高，温差较小，年降水量大于蒸发量，空气湿度较大，干旱现象较少。

（1）*温度*　温度是影响三七正常生长的主要因子。三七性喜温暖，要求冬暖夏凉，四季温差较小，年平均气温在13℃～20℃适合生长，以15℃～17℃为最适。在年生长过程中如遇长时间30℃以上的高温，植株易生病；冬季温度过低，会延长开花结果，并影响种子成熟。夏季短时间最高气温达37℃～39℃时，对生产影响不大，但在高温干燥季节，气温达33℃以上持续3～4天，植株便出现萎蔫。冬季绝对低温在－10℃时对幼芽并无严重冻害，但会延长幼芽的萌发。在开花结实后期，出现骤然低温及霜冻，如荫棚过稀，土壤水分不足，会影响三七的正常发育，花果会受到冻害。

（2）*水分*　三七生长发育需要湿润的环境，既怕旱又怕涝。土壤湿度一般保持在25％～30％的范围，空气相对湿度以70％～

85%为宜。如空气湿度过低会出现干叶症。播种时如遇干旱天气,土壤含水量又低于20%时,则会严重影响种子和老龄三七出土发芽。春旱和秋旱,土壤含水量不到20%时,则会促使一、二年生苗部分凋萎,严重时可达80%。如果较长时间出现雨水较多,土壤含水量超过40%,常会引起根腐病或不断死亡。

(3)光照　三七为阴生植物,对光照敏感,忌烈日直射,但光线过弱,也不适宜。一般要求遮阴度70%左右。因此,栽培三七要求建搭荫棚。荫棚的透光度应根据三七不同生育期和其年龄对光照的要求,以及季节和栽培地点的不同而有所差别。一般一年生幼苗(子秧)和三年生(三年七)以上植株在生长前期和后期要求的透光度一般为30%～40%,中期为25%～30%;二年生植株(二年七)要求透光度偏低,前后期为30%,中期为25%。如透光度过大,三七生长缓慢,植株矮小,叶片苍老,易受灼伤,提早落果,地下部分随之停止生长,影响翌年生长发育,产量下降。透光度过低,光照过弱,植株生长较高而纤弱,叶色发绿薄小,常不能抽薹,抽薹花序也发育不良;根部发育不良,则开花迟,结果少,且易感病。不同产地三七的三七皂甙含量有所不同,其差异是由于各种生态因子综合作用的结果,其中日照时数和光照强度是三七皂甙形成的主导因素。光照强度可用人工调节,而日照时数却是由纬度和海拔高度决定的。

(4)土壤　三七对土壤要求不严,多适宜在疏松、深厚的土壤中生长,以含腐殖质较多的沙质土壤为好。三七种在半阴半阳的环境中,土壤含水量较大,中耕松土少,这就要求在雨季及时排水。若土壤黏重,不利植株根系生长,长势就较弱;雨季积水,又会引起烂根;而沙土保水、保肥力差,植株生长不旺,主根细小,支根多。三七对土壤的酸碱度的适应范围较广,pH值一般为4.5～8。切忌连作,以5°～20°缓坡生荒地为佳。

(5)海拔高度　三七属生态较窄的亚热带高山阴生植物。其地道产区云南文山海拔为 1 100～1 600 米；广西产区海拔多为 700～1 000 米左右。根据不同海拔种植调查，海拔太低，气温过高，日温差小，呼吸强度强，养分消耗大，积累少，因此产量低，结果少。而目前在海拔 700 米以下，年降水量在 1 300 毫米左右的低热半山区以及海拔在 1 800 米以上气候寒冷阴湿，长年雨水较多的山区也有引种栽培成功的经验。

2. 生长发育特性　三七种子具后熟性，须保存在湿润条件下，才能完成生理后熟而发芽。种子一经干燥就丧失生命力。三七种子发芽的温度范围为 10℃～30℃，发芽最适温度 15℃～20℃。生产上一般是随采随播或冬播。种胚在完成后熟后，于翌年清明前后出苗。一年生幼苗只长掌状复叶 1 片，冬季茎叶枯萎，第一年春分前后从地下根茎抽生新苗，清明前后展叶，于茎顶轮生两三片掌状复叶，称“二年七”；以后随着植株年龄增加，掌状复叶数也相应增加，分别称“三年七”、“四年七”等。

种子萌发后，先伸出一条白色幼根。随后幼根逐渐伸长变粗，成为主根，同时在主根基部又生出了 3～5 条根，并相继发出许多支根。主根在 5 月以后开始膨大，6～7 月膨大明显，此后直到地上部分枯死，根才停止生长。一两年生的三七主根膨大和增重较慢，三、四年生主根膨大和增重较快，随后又逐年减慢。多年生三七主根重量在 7～8 月份开花结籽时有所下降，在种子采收后又趋上升。如摘除花薹，则增重显著。

三七为浅根性植物，根不发达，入土浅。一年生植物的根很多分布在表层 3～9 厘米深处，移栽后“二年七”的根约 80%分布在 6～9 厘米深处。随着植株年龄增加，体积增大，一直到老龄，根系入土深度也只在 15 厘米左右。

三七根茎俗称“羊肠头”，位于主根顶端，其上有地上部分每年枯萎后留下的痕迹。根茎呈节盘状，每年长一节，根据节数可以判断植株的年龄。

根茎上每年形成一个幼芽。幼芽在5～6月份形成,冬季呈休眠状,长出茎叶。如果当年幼芽被破坏,第二年就不能萌发成苗,需在地下休眠1年,待第三年形成新芽,到第四年春才长出新苗。因此,在管理操作时,必须注意保护幼苗。从种子萌发的幼芽,如被损坏后,虽能从其基部很快长出新芽,继续生长,但不如原始芽长得快而粗壮,必须引起注意。

“多年七”的根茎可发出新根。故产地有将三年以上的三七植株的根切下作商品,留下根茎继续生长,称为“阉七”。从“阉七”长出的新植株,亦能开花结果。三七茎叶生长在出苗展叶后即进入盛期,6月以后就基本停止生长。在年生长期间,茎叶数量不增加,只是随着年龄的增加,每年茎叶体积增大,叶的数量增多,如一年生茎高13～16厘米,仅1片掌状复叶,有小叶5片;二年生茎高13～16厘米,有2～3片掌状复叶,有小叶5～7片;三四年生的茎高一般为20～30厘米,有3～5片掌状复叶,每一复叶多为7片小叶。在冬季较暖和的地区,茎叶不枯萎,到第二年春季新的茎叶长出后,才逐渐凋落。一年生植株不抽薹开花;二年生植株大部分抽薹开花,但结果少;三年生植株普遍开花结果。花薹于5月份开始形成,从茎顶轮生叶着生处的中央抽出,6月份迅速伸长,7～8月份开花,9月上旬为盛花期,花期一直延续到10月份。果实9月份开始膨大,10～11月份先后变红成熟。从开花到结果约需3个多月时间。每天开花大都集中在上午9时左右。晴天开花多,阴天开花少。三七每年开花结果数随其年龄增大而增加。如“二年七”有小花70～100朵,“三年七”每株有花95～160朵。成果率在正常情况下为10%～20%,一般二年生三七每株5～10粒,三、四年生每株20～30粒,高的可达100粒以上。

(三)播种、育苗与移栽

1. 播前准备

(1)选地与整地

①选地　三七种植地宜选海拔600～1 000米的东南向山地，西北边特别是西边有高山，距水源近的地方为好，如林间有空地更佳。林间夏天较阴凉，冬季较温暖。一年四季温度变化不大，土壤pH值为5.5～7的沙质壤土或腐殖质土均适于三七的生长。高海拔地区选择背风向阳地带，低海拔地区宜选凉爽背风、不挡西晒的山脚或林间地种植，地形要求有5°～10°的缓坡，以利于排水，避免积水烂根。坡度不宜过大，否则会引起水土流失。轮作地前作以玉米、黄豆、花生等作物为宜。

②整地　新开荒地在夏季翻耕后隔1个月再翻一次，促进土壤充分风化。如利用熟地栽培，前作收获后即可翻耕。为增加土壤肥力，于第一次翻耕后可在地面铺上一层枯枝落叶及杂草，然后对土壤进行消毒处理。最后一次犁耙时，每667米^{2}用生石灰50～100千克撒施进行土壤消毒。土块要充分耙细，消除一切残渣树根和小石块等物。土地耙细整平后做畦，畦可分为单畦或双畦。单畦宽60厘米，高20厘米，畦间距35厘米。单畦有利于排水，一般在平地或缓坡地采用。双畦，即大小相间的畦，大畦宽120厘米，高20厘米，畦间距35厘米；小畦宽45厘米，高10厘米，畦间距35厘米。双畦适宜高海拔、气温低、坡度大、保水保土差的地块，可提高土壤利用率10%～15%。畦面做成龟背形，畦边呈45°角，压实。播种前或种植前，每667米^{2}施混合肥2 500千克，其中腐熟的农家肥占50%～60%，草木灰40%～50%，并拌入钙镁磷肥30～40千克，撒在畦面上，翻入土表内。

(2)围篱、搭建荫棚　地整好后，需搭棚建园。三七随着季节和生长发育阶段的不同，对温度、湿度、光照等因子的要求也不同，在生产上是通过调节荫棚和围篱的疏密度以及围篱的开关来实现这些因子的要求。因此,架设好围篱与荫棚是一项很重要的工作。

搭棚所需材料可因地制宜,就地取材。一般选用木材、毛竹等。荫棚一般高2米左右,园地面积以1 334～2 001米^{2}为宜。搭棚时,先按一定距离(一般为1.5米)埋好各排柱子,柱子顶部先架纵杆,然后隔适当距离放置横杆,用铁丝固定后,再用竹片或茅草等扎成长方形的棚帘,称“天棚帘”,按南北方向盖在棚架上,“天棚帘”的规格根据棚架大小而定。棚帘疏密要适度。这种“天棚帘”的优点是绑扎容易,架设方便,使用灵活,透光度适中。

三七园的四周应用围篱围好。围篱既可防兽(畜)为害,又能起到遮挡阳光直射的作用。围篱用竹片或小树枝编扎成张,再竖木桩支撑而成。根据需要,随时开关。

2. 繁殖方法 用种子繁殖,主要采用育苗移栽。

(1)选种 选择生长健壮、无病虫害、果实饱满的三四年生的三七园作种子地。6月上、中旬,植株抽薹时,在花盘周围密生许多小叶片(即花叶),还有一些植株在大花序上或旁边附着小花序,这些小花序不结果,应及时摘除,促进种子饱满。三七开花结果时,花盘重量逐渐增加,为防止花梗弯折,必须在植株旁插一细木棍或小竹棍作支柱,并将花盘拴在支柱上。插支柱时,切勿损伤根部,绑扎花盘亦不能过紧。为提高种子饱满度,从现蕾到开花期应增施一次磷、钾肥。

(2)采种 三七种子一般于10月中旬到12月中旬成熟。由于开花时间长,所以种子成熟期很不一致。根据种子成熟的情况,大致可分为三期:第一期在10月中旬到11月上旬;第二期在11月中、下旬;第三期在12月上、中旬。因此,采种应分期进行。第一、第二期果实成熟时呈鲜红色,种子饱满,发芽率高,第三期由于气温低,果实未完全成熟而呈浅黄色,种子细小不饱满。所以作种用的应选第一、第二期种子,它培育的幼苗健壮,抗病虫和抗逆性较强。

采收的种子，切勿堆放在一起，以免发热霉烂，应薄薄地排放在竹席上，置于通风阴凉处，待其外皮稍干后，剥成单粒播种。如果皮上有病虫害，最好将其放在流水中，揉搓洗去果皮再播。值得注意的是，切勿将种子暴晒，失去水分，影响其发芽，甚至丧失发芽力。当天未播完的种子应妥善保存，以防止干燥。

(3)育苗　播种前用 0.2～0.3 波美度石硫合剂将种子消毒 10 分钟，或用代森锌 200～300 倍液消毒 15 分钟，用水清洗后晾干再播种。播种期一般在 11 月上旬至下旬，最迟不超过翌年 1 月份。采用点播，这样既能保证播种质量，又能提高工效。播后覆土，厚约 1.5 厘米，最后再盖一层草，以便防冻。一般株行距为 6 厘米×6 厘米，每 667 米^2 用种量 10 万～20 万粒。播后浇一次透水。经 2 个月左右即可出苗。苗期加强田间管理，幼苗培育 1 年后，即可定植。

(4)移栽　一般在 11 月下旬至翌年 1 月份休眠芽未萌动前进行。这时移栽，出芽早生长齐。过早会减少枝和芽的生长时间，而且易遭病虫害；过迟，则因地冻操作困难，根部也易受伤。起苗要避免伤根。如畦土干硬，可在起苗前 4～5 天浇 1 次水，使土壤湿润疏松，便于挖起。要防止稀泥裹根，子条(一年生的根)受冻，造成烂根烂芽。起苗应从畦的下方开始，连根挖起，再轻轻剥去泥土。边起苗，边分级。一般按幼苗大小分为三级，三级以外的要剔除，不能移栽。凡合格的子条在剪掉地上部分后消毒，其方法与种子消毒相同。消毒后，用水冲洗晾干再移栽。栽前再浅耕园地，施足肥料，耙平整细做畦，其方法与育苗相同。栽种密度，依子条大小而定，一般株行距为(13～15)厘米×(13～17)厘米，穴深 3～5 厘米，每 667 米^{2}2 万～3 万株。为利于根部长粗和便于管理，芽头统一向下坡斜放，并要求子条的根舒展。先覆一层土，再加肥，然后盖土与畦面平齐，最后覆一层防冻草，并浇透定根水即可。

(四)田间管理

1. 苗圃地管理

(1)盖草　播种后除床面覆盖稻草外，还要在荫棚上盖一层茅草或稻草。郁闭度掌握在60%～70%，避免强烈阳光直射。

(2)灌溉　冬播的应加强淋水，保持畦面湿润，便于发芽。翌年2～3月份发芽，若遇几天都不下雨则应浇水，使苗床3厘米深的表土保持湿润。

(3)除草追肥　入夏前(即5月份前)，结合除草，每隔15～25天施肥1次，多施草木灰，进入5月份则施干肥1～2次；6～8月份，每月追施淡粪水1次。

(4)揭草、调节郁闭度　幼苗出土后须将覆盖物轻轻揭开，使幼苗生长正常。如覆盖物已腐烂时应剔除，以免引起病害。随季节调整郁闭度，早春郁闭度为40%～50%；夏季郁闭度为60%～70%；入秋后透光度以50%为宜。

2. 定植后管理

(1)除草浇水　做到见草即除，时间不必固定。如三七根部裸露，每次浇水后应培土。遇天旱应及时浇水，浇水应在早晚，不能在中午阳光强烈时浇水，以免灼伤幼苗。

(2)施肥　三七的药用部位是地下部分，需肥多，要求高，追肥应做到熟、细、匀、足。和基肥一样，追肥以农家肥为主，厩肥和饼肥一定要腐熟后才能施用。除在播种时施足基肥外，还应根据三七生长发育不同阶段的需要追肥，1年追肥5次。第一次，在三七出苗展叶后，地上部分生长进入盛期，需肥量较大，宜施以氮为主的氮磷钾完全肥料，每667米^{2}可用腐熟饼肥150千克，拌土杂肥300千克，撒施在行间；第二、三次分别于4月份和5月份进行。这时雨水较多，每月撒施草木灰1次，每667米^{2}每次150千克，这对增加土壤肥力、提高地温、防涝防病都有一定的作用；第四次在6月份进行，这时三七地下部分迅速增大，应以磷钾肥为主，每667

米^{2}施过磷酸钙30千克，氯化钾10千克。施前先在植株根际上方开一半圆形浅沟，然后均匀施入，盖土；第五次在入冬前，在剪除清理枯枝、消毒畦面后，每667米^{2}铺施厩杂肥2 000千克，盖住冬芽，以保护芽头安全越冬，并促使翌年发育粗壮。

(3)灌溉排水　畦面要经常保持一定湿度，尤其在出苗和开花期常遇春旱或秋旱，要特别注意浇水，使土壤湿润。浇水需用清水，不宜在高温的中午进行，这易造成植株凋萎落叶。最适宜的时间是早上和傍晚，最好用洒水壶喷在植株上，切不可用力泼水，水要浇匀、浇透。为保持土壤湿润和防止天棚滴水冲打畦面，可在畦面上均匀铺上一层茅草，干旱季节还应适当加厚。雨季要注意排涝，畦沟应保持通畅。

(4)调整荫棚透光度　荫棚透光度的大小对三七生长发育好坏有密切关系。荫棚透光度调整应根据季节、植株生长发育阶段、当地条件等不同而定。一般在1～4月份，阴雨天多，园内温度低，土壤湿度大，透光度宜大一些，一般为60%～70%；5～8月份，气温较高，透光度宜小些，为30%～40%；9～11月份以后，阳光减弱，植株进入开花结果阶段，要求透光度大一些，约为50%～60%，以促进结果，根部膨大。在丘陵地区，每天直晒的时间长，在上述一般遮荫的基础上，其透光度减少5%～10%即可。

围篱透光度也应适当调整，在西南和南面，1～4月份和10～12月份透光度宜大，为50%～60%，东北面宜小，为40%～50%；5～10月份，西南面透光度宜小，为35%～45%，东北面宜大，为50%～60%。围篱除能遮蔽直射光外，还可保暖防冻和调节园内湿度和空气，4～6月份，雨水较多，园内湿度大，在阴雨天应将围篱打开，以降低园内湿度，减少病虫害发生。夏天高温季节，在没有直射光的情况下，围篱可全部打开。寒冷天气围篱应全部关闭。

(5)摘除花薹　不留种的植株，在6月份花薹刚抽出2～3厘米时就应摘除，使养分集中供应根部生长，以提高三七产量。据研究发现，摘除花薹比不摘除花薹的一般单产可提高1倍左右。摘除花薹可促使植株生长健壮，增强抗病能力，减少病虫危害。二年生植株虽大部分能开花，但因其养分积累不足，多数不能结果，可以把花薹摘除。

(6)冬季清园　三七为宿根草本植物，每到冬季地上部分全部枯死，此时应将地上部分在离地面3厘米处剪去，并清除园内一切枯枝落叶和病株杂草，集中于园外烧毁，用0.2～0.3波美石硫合剂对土壤进行全面喷洒消毒，然后施上一层腐熟厩肥或土杂肥，1 500千克/667米^{2}左右，以保温防冻。如发现有露根现象，应在施冬肥时培土，最后盖上一层草，以保芽头安全越冬。此外，对荫棚和围篱要全面检查并加固和修补，使其充分发挥遮挡功能。

(五)病虫害防治

1. 病　害

(1)根腐病　根腐病是危害三七根部的重要病害。本病是由半知菌引起，发病初期根尖出现淡黄色水渍状斑点，后期根部变为黑褐色，根皮稀烂，内部逐渐呈灰白色软腐浆质状，有腥臭味。病菌以丝状和分生孢子在土壤中越冬。翌年4月下旬开始发病，5月下旬至7月上旬危害最重。尤其在6、7月份雨季较严重，在土壤黏重、排水不良、施用未腐熟厩肥或蚯蚓活动频繁的情况下，发病较为严重，种植年限越长，发病率越高。病株常由侧根先烂，随后延至主根，或在根茎头及基部出现黄褐色病斑，不断扩大蔓延，致使全部腐烂。地上部分先是叶色不正常，继而萎蔫下垂直至全株枯死。

【防治方法】　种植前，严格选地。选通风、土壤疏松、排水良好的地方建园，切忌连作；移栽前结合整地每667米^{2}用80%代森锌可湿性粉剂500～700倍液对土壤消毒；移栽后发现病株及时拔除。病轻者用200倍液硫酸铜或1：1：100波尔多液消毒1分钟后分开栽种；病重者应挖出加工，病穴内撒石灰消毒，或用多菌灵

1 000 倍液，或 50%甲基托布津 1 000 倍液浇灌病区，以防蔓延。

(2)立枯病　是三七苗期毁灭性病害。由半知菌引起。病菌以丝状和菌核在土壤中越冬。翌年 3～4 月份开始发病，4～5 月份温度较低，雨水多，危害严重。7 月份以后因高温干燥发生较少，9～10 月份天气转凉，在多雨条件下又会发展。三七园中施用未腐熟厩肥、天棚过密、播种过密、保温草盖得过厚，或三七长势太弱，均易发生。发病后，种子腐烂成乳白色浆汁，种芽变为黑褐色，渐至死亡。幼苗受害后，在叶柄基部出现黄褐色水渍状条斑，后变为暗褐色，病部缢缩溃烂，幼苗折倒死亡。

【防治方法】　冬季结合翻耕整地，用 80%代森锌可湿粉剂 500～700 倍液进行土壤消毒；或出苗后喷浇根部；加强荫棚管理，出苗后保持 30%～45%的透光度，并改善通风条件，促进三七生长健壮，增强抗病力；发现病株及时拔除烧毁，在其周围撒上石灰，并喷洒 50%多菌灵 500 倍液 1 次，以后每隔 7 天喷 1 次，连续2～3 次。

(3)黄锈病　由担子菌引起。各年生三七均能受害，老三七园，大三七园受害最重，是三七普遍发生的严重病害。病菌在病残枝叶和根茎上潜伏越冬，来年侵染新叶。3 月份开始发生，6～7 月份普遍蔓延，夏季骤晴骤雨发病最多。发病后，叶片上生出针头大小的突起黄点(孢子堆)，扩大后呈近圆形或放射状，边缘不整齐。4～5 月份发生孢子堆细小、散生，呈锈黄色，发病快而猛，造成病叶叶缘向下卷曲，叶片不能开展。6～8 月份发生的孢子堆较大，呈鲜黄色花状排列，发病比较缓慢；9～10 月份天气转凉后所产生的孢子堆又变细小。发病严重时造成落叶，并能侵害花和果，使花萎黄，果干枯脱落。孢子堆破裂后散生出黄粉，即锈菌孢子。

【防治方法】　冬季清洁三七园，剪除地上部病叶，并收集枯枝落叶，集中园外烧毁，然后全面喷洒 1 次 0.2～0.3 波美度石硫合剂；早春加强田间管理，发现病株，立即拔除，并喷 1∶1∶300～

400 波尔多液；发病较重时，可喷 0.2 波美度石硫合剂或粉锈宁 1 000倍液，每隔 7 天喷 1 次，连续 2～3 天。

(4)白粉病　由子囊菌引起。3 月份开始发生，4～5 月份发病严重，危害叶片。首先是叶正面出现黄斑，继而叶背面(也有在正面)生出灰白色霉状病斑，病斑扩大，互相连成一片，像撒了一层灰白粉，病叶很快变黄脱落，严重的造成光杆。7 月份以后危害花盘和幼果，使花梗干黄、落果。各年生三七均可发生，以三年生以上受害较为严重。

【防治方法】　清除杂草，园边不要种植南瓜、烟叶等易感染白粉病的作物。发病期用 50％甲基托布津可湿性粉剂 700～800 倍液或用 0.2～0.3 波美度石硫合剂，每隔 5 天喷 1 次，直到消失为止。

(5)炭疽病　由半知菌引起。病菌以菌丝在枯枝落叶、根茎的芽头和果实上越冬。云南于 4～6 月份开始发生，6～8 月份发病特别严重，9～10 月份天气转凉后病情逐渐减轻。主要危害叶片、茎和果实，种子也能感染。叶上病斑呈灰绿色，有同心轮纹，后变褐色，上生粉红色或黑色孢子堆，病斑中央坏死成透明状，干燥后质脆，易破裂穿孔，高温干燥天气呈干枯状，雨季呈湿腐状；在茎、花梗和果上，病斑明显下凹。花轴和茎受害后，干枯扭折，花和果受害后，成为干花和干果。

【防治方法】　播种前种子用 40％甲醛 100～150 倍液浸 10 分钟，洗净晾干后使用；剔出芽头发黄的病苗，用健壮的子条作种，种前用 5％甲基托布津 1 000 倍液浸 5 分钟，取出晾干后种植；将距离地面 30～50 厘米的围篱拆去，并调整好天棚的透光度，使园内通风透光；经常保持园内清洁，拾净枯枝落叶，剪除有病部分及时烧毁；发病后喷 65％代森锌可湿性粉剂 500 倍液，或 50％多菌灵 500 倍液，每隔 7 天喷 1 次，交替使用。

(6)黑斑病　由半知菌引起。6 月中旬发生，7～8 月份为发病盛期。主要危害叶片、茎和果实。发病后茎、叶、果产生近圆形或不规则水渍状褐色病斑,病斑中心产生黑褐色霉状物,病重的茎叶枯死,果实霉烂。

【防治方法】 及时清除病叶、病果及严重病株集中烧毁;用多抗霉素100~200单位/千克或百菌清1000倍液或50%多菌灵可湿性粉剂600倍液等喷雾防治。

2. 虫 害

(1)短须螨 又名红蜘蛛,属叶螨科害虫。以成虫在芽缝或枯枝残叶上越冬。3月下旬至4月下旬外出为害,6~10月份为害严重,在高温、干燥时更为严重。靠爬行和随风传播,产卵于叶背的叶脉两侧,成虫、若虫群集于叶背吸食汁液并拉丝结网,使叶变黄,最后脱落;花序和果实受害后,造成萎缩和干瘪。

【防治方法】 冬季清除园内一切枯枝杂草,集中烧毁。再在铺草面上喷0.2~0.3波美度石硫合剂1次,杀死潜伏越冬短须螨;3月下旬以后每隔7天喷1次0.2~0.3波美度石硫合剂,连续喷2~3次,预防为害;发生期喷20%三氯杀螨醇800~1000倍液,5天后再喷1次35%杀螨特1200倍液。

(2)桃蚜 土名叫"蚰虫"。以卵在桃、李等树上越冬,翌年3月份开始孵化,产生有翅胎生蚜,迁入三七上为害。以3~9月份较重。吸食植株嫩芽和叶片,使芽萎缩,叶片卷曲,植株矮小,严重影响生长和发育。

【防治方法】 清洁三七园,减少蚜虫迁入机会;结合防治桃、李害虫,减少蚜虫数量,害虫一发生,立即用40%乐果乳剂2000倍液,或2.5%鱼藤精700~800倍液喷杀。

(3)介壳虫 主要有粉介壳和腊介壳两种。一般在4月份开始发生,以8~10月份危害最为严重。常聚集在茎秆、叶柄和小花上,吸食植株汁液,造成叶柄干枯脱落,花凋萎,幼果枯落。

【防治方法】 用40%乐果乳剂1000倍液喷杀即可。

(4)蛞蝓　又名鼻涕虫,为一种软体动物。成虫、幼虫咬食茎叶和花果,还可钻入土中危害根茎。雨天整天活动,旱天在早晨和夜间出来活动取食,白天则潜伏在土表或盖畦面的草内。

【防治方法】　播种前,每 667 米^2 用茶籽饼 25～30 千克作基肥施下;发生期在围篱以及棚架支柱下部等潮湿处撒施石灰,用果皮、蔬菜诱杀,也可用 3%石灰水或 600～800 倍液多菌灵喷杀。

三、采收、加工、包装、贮藏与运输

(一)采收与加工

1. 采收　三七采收以四年生者为好,因为此时积累的养分较多,加工后表皮光滑。一年中有两个适宜采收期。以 7 月下旬至 8 月上、中旬最适宜。这时植株还未开花,根内养分丰富,产量高,折干率高,一般为 25%～30%,质重。加工产品表面光滑,内部组织菊花心明显。若 7 月摘去花薹,到 9 月中旬收获更好。而 11 月份采果后收获的情况则相反,不仅产量低,折干率亦低,一般为 18%～20%,同时产品表皮皱纹多,质轻,内部空泡多,菊花心不明显。因此,将开花前收获的三七称"春七",而结果后收获的称"冬七"。

在收获的前一周,在离畦面 7～10 厘米高处,剪去上部茎叶,收获时小心用铁耙挖出全根,抖掉泥土,运回加工。

2. 加工　三七运回后,摘除地上部茎叶,洗净,剪下须根晒干,即得商品"三七根";把摘下须根的三七晒 2～3 天(亦可火烤),开始发软时,剪下支根和芦头(三七的地下茎)分别晒干即得商品"筋条"和"剪口"。被剪去支根和芦头的块根称"头子",全干坚实为止。第一次搓揉时,用力要轻,以免破皮。随后反复日晒,用力搓揉,使其坚实,或将块根放入旋转滚筒内,使其互相碰撞摩擦。以后每晒 1 天搓揉 1 次,或放入滚筒内旋转 1 次,如此反复 4～5

次，直到块根光滑圆整，干透为止。为提高三七外表的光滑度，对干燥的产品，可加些龙须草或青小豆于其中，再进行搓揉，或放在滚筒中滚动，以便增加摩擦，使产品光滑美观，质地更坚实。也可在加工三七时加少量蜡块，来往振荡，使其裹于三七表面，这样不但外观光滑、明亮，亦能起一定的防潮作用。

在加工过程中，遇阴雨天气需用火烘烤时，燃料以木炭为好。先在室内搭好烤架，架高 1 米，上放竹帘，将三七铺在上面，火不宜太大，火力要均匀，烘时需不断翻动。揉搓方法如上。

(二)包装、贮藏与运输

1. 包装　商品三七多以硬纸盒或木箱，内衬防潮油纸包装。或用布袋装，置于木箱内。三七贮存量大时，以每 5 千克三七配 200 克木炭和 400 克白矾，按如下顺序放在容器内：先在容器的底部放一层木炭，木炭上放一层草纸，然后将三七均匀放在草纸上；三七上面再放一层草纸，将白矾放在草纸上，如此一层隔一层、一层压一层，最后将容器盖严密封即可。本品传统包装有的甚为简陋，难以保证产品质量，应当加以改进；宜采用无污染、无破损、干燥、洁净的，内衬防潮纸的硬纸箱或木箱等适宜的容器包装，并在包装上标明品名、批号、规格、产地、工号等标记。

2. 贮藏　加工好的三七应置阴凉干燥处密闭保存。因本品受潮后易霉变、虫蛀，在贮藏过程中应经常检查，如发现受潮应及时翻晒；若发霉，可晒后撞刷去之；为防虫蛀，少量药材可与冰片同贮，大宗商品可用硫黄熏。

3. 运输　三七运输时，不得与农药、化肥等其他有害物质混装。运载容器应具有较好的通气性，以保持干燥，遇阴雨天气应严密防雨防潮。

四、质量要求与商品规格

(一)质量要求

以个大皮细、质坚体重、断面灰黑色,无裂隙(俗称铜皮铁骨),生长有小“钉头”者为佳;个小、体轻者质次。

(二)商品规格

三七商品规格有两种分档方式,一是历史规格分档,二是现行规格分档,而目前药材市场的规格多以现行规格分档。

据国家医药管理局、中华人民共和国卫生部制定的药材商品规格标准,三七分为 2 个品别,各 13 个等级(表 4-1)。

表 4-1　三七商品规格标准

品　别	等　级	标　　准
春三七	一等(20 头)	干货。呈圆锥形或类圆柱形。表面灰黄色或黄褐色。质坚实、体重。断面灰褐色或灰绿色。每 500 克 20 头以内。长不超过 6 厘米。无杂质、虫蛀、霉变
	二等(30 头)	干货。每 500 克 30 头以内。其他同一等
	三等(40 头)	干货。每 500 克 40 头以内。长不超过 5 厘米。其他同一等
	四等(60 头)	干货。每 500 克 60 头以内。长不超过 4 厘米。其他同一等
	五等(80 头)	干货。每 500 克 80 头以内。长不超过 3 厘米。其他同一等
	六等(120 头)	干货。每 500 克 120 头以内。长不超过 3 厘米。其他同一等

续表 4-1

品　别	等　级	标　　准
春三七	七等（160 头）	干货。每 500 克 160 头以内。长不超过 2 厘米。其他同一等
	八等（200 头）	干货。每 500 克 200 头以内。长不超过 2 厘米。其他同一等
	九等（大二外）	干货。每 500 克在 250 头以内。长不超过 1.5 厘米。其他同一等
	十等（小二外）	干货。每 500 克 300 头以内。长不超过 1.5 厘米。其他同一等
	十一等（无数头）	干货。每 500 克 450 头以内。长不超过 1.5 厘米。其他同一等
	十二等（筋条）	干货。不分春、冬三七，每 500 克在 450～600 头以内。支根上端直径不低于 0.8 厘米，下端直径不低于 0.5 厘米。其他同一等
	十三等（剪口）	干货。不分春、冬七，主要是三七的芦头（羊肠头）及糊七（未烤焦的）均为剪口。无杂质、虫蛀、霉变
冬三七		13 个等级头数与春三七相同。但表面灰黄色，有皱纹或抽沟（拉槽），不饱满，断面黄绿色。无杂质、虫蛀、霉变

第五章　黄连规范化生产技术

一、概　述

(一)植物来源、药用部位与药用历史

黄连,又名味连、川连、鸡爪连、支连,为毛茛科植物黄连、雅连(三角叶黄连)及云连等。

药用部位:以干燥根茎入药为主,黄连叶、须根、花薹亦可供药用或作为小檗碱的提取原料。

黄连的药用历史悠久,被历代医家广泛应用。如《仁斋直指方》的黄连安神丸以本品配朱砂之镇心安神治心烦懊憹,心悸怔忡;《伤寒论》的黄连阿胶汤以本品配阿胶、鸡子黄、芍药等以滋阴降火,治热病邪入少阴,阴虚火旺,心烦、不得安卧;而《韩氏医通》的交泰丸,则用黄连清心泻上亢之火,配肉桂温肾以引火归元,治疗心肾不交的夜不安寐。黄连亦善清肝,治肝经郁火,横逆犯胃所致之脘胁疼痛,嘈杂吞酸,常与吴萸同用,如《丹溪心法》的左金丸。本品能清肝明目,治肝火上亢目赤肿痛,羞明多泪,如急性结膜炎、角膜炎、电光性眼炎等。内服可与山栀子、夏枯草、决明子配伍,外用可切碎后以人乳浸汁滴眼或黄连煎水洗眼。

黄连清热解毒,为外科要药。李东垣云:“诸痛痒疮疡,皆属心火。凡诸疮宜以黄连、当归为君。”故治痈疽肿毒,黄连是常用之品。

但黄连大苦大寒,易伤阳败胃,用之不可过量,当中病即止,凡脾胃虚寒者忌用。

(二)资源分布与主产区

黄连多分布于我国北纬 29°42′～0°39′的中高海拔区域,主要

集中于西南与中南山区，主产于重庆、四川、云南、西藏、贵州及湖北、湖南、陕西、甘肃等省市，尤以重庆市产量最多，占黄连总产的60%～70%。味连主产于重庆市的石柱、南川、武隆、黔江、彭水、城口、巫山、巫溪、丰都、奉节及四川的峨眉、洪雅、彭县、乐山，湖北的恩施、利川、来凤、建始，湖南的桑植和甘肃的武都等地。雅连主产于四川省的峨眉、洪雅等地。云连主产于云南省西北部的德钦、维西、腾冲、碧江、剑川及西藏等地。

（三）化学成分、药理作用、功能主治与临床应用

1. 化学成分 上述三种黄连均含有多种异喹啉类生物碱，主要为黄连素（小檗碱），以盐酸盐存在，含量为5.2%～7.59%；其次为黄连碱、甲基黄连碱、巴马丁、药根碱等。此外，尚含木兰碱等成分。

2. 药理作用

（1）抑菌作用 对痢疾杆菌、伤寒杆菌、结核杆菌、金黄色葡萄球菌、溶血性链球菌、肺炎双球菌等均有较明显的抑菌作用。用鸡胚试验证明，对PR8株甲型流感病毒56～58株、丙型流感病毒1 233株、乙型流感病毒均有明显的抑制作用；对钩端螺旋体及滴虫均有杀灭作用。此外，还有增强血液中白细胞的吞噬作用。

（2）降压作用 黄连所含小檗碱有降低血压、扩张冠状动脉的作用。其降压作用是抑制血管平滑肌张力，使血管扩张，抑制血管中枢，抗胆碱酯酶，增强乙酰胆碱作用。

（3）对胆汁的分泌及血液的影响 小檗碱有利胆作用，增加胆汁形成，使胆汁变稀，对慢性胆囊炎患者，口服有良好效果。

（4）对脑血管系统的作用 临床上对脑血管病患者广泛使用黄连解毒汤。据研究发现黄连解毒汤对低氧性脑障碍有显著保护作用，能预防或治疗因高热或中毒引起的神昏。

（5）抗癌作用 研究发现黄连复方对鼻咽癌的抑制率为86.3%，对宫颈癌的抑制率为77%。经体外实验表明，小檗碱对艾氏腹水癌和淋巴瘤 NK/LY 细胞有一定的抑制作用。

3. 功能主治与临床应用 黄连味苦,性大寒。功能清热燥湿,泻火解毒。主治湿热泄泻、痢疾、高热神昏、吐血、衄血、心下痞满、心烦失眠、口舌生疮、目赤肿痛、牙龈肿痛、消渴、痈肿疮毒、水火烫伤等症。

黄连苦以燥湿,寒能清热,故临床用为治疗湿热诸症的要药。

(1)*治疗消化性溃疡* 据研究表明,黄连是有效的消化性溃疡治疗药物。经黄连三联疗法治疗幽门螺杆菌感染消化型溃疡结果显示黄连素联合甲硝唑、阿莫西林治疗消化性溃疡及根除幽门螺杆菌,溃疡愈合率以及幽门螺杆菌根除率均为 95.5%,因此,可作为根除幽门螺杆菌首创治疗方法。

(2)*治疗带状疱疹* 用黄连解毒汤加味治疗带状疱疹取得显著疗效,表明黄连解毒汤有确切的抗病毒作用。

(3)*降低胆固醇* 黄连素具有很明显的降低胆固醇作用。经研究发现,黄连素可以增加细胞胆固醇受体的形成,从而促进胆固醇进入细胞进行代谢,降低血液胆固醇。

(4)*治疗脑血栓后遗症* 临床上治疗脑血栓后遗症有效率高达 87.13%,其作用机理表现为明显改善心脏搏出量,降低血小板和红细胞的聚集性,改善血脂浓度。

(四)栽培现状与发展前景

1. 栽培现状 黄连始载于《神农本草经》,被列为上品。其栽种始于明代,据《嘉靖洪雅县志》记载:“雅连生瓦屋诸山,家种者三年一收”。黄连之乡的四川黄连的栽培始于明末清初。1884～1885 年《大宁县志》(今重庆巫溪县)详细地记载了黄连的栽培技术;《石柱厅志》记载:“历 3～5 年出土,至数者为久,贩之四方,亦称川连。”可见黄连的人工种植有着悠久历史。

黄连为常用的大宗药材品种之一,由于是多年生植物,野生资源趋于枯竭状态,产品的市场供给全靠人工栽种来满足需求。新中国成立以后，国家极为重视黄连的生产并加强了野生变家种的研究。在20世纪80年代中期以前，实行计划经济，供应价格一直稳定在每千克40元左右。改革开放以后，计划经济与市场经济并行，以市场需求决定价格高低，在1985年每千克突破60元。由于市场价格的刺激，各产地药农扩大了黄连的栽种面积，在重庆、四川除主产区外，部分有条件的山区如四川省的彭州、绵阳等地也开始发展黄连生产。到20世纪90年代初，黄连产地的收购价又降至16～20元/千克，产区药农种植黄连的积极性受到影响，其黄连栽种面积开始下降。直到2000年出口量剧增，黄连商品价格回升，又给黄连生产发展带来了机遇。

2. 发展前景　黄连除国内用药需要外，还外销日本、韩国、新加坡等国。由于生长周期长达3～6年，供小于销，又加之黄连用途较广，用量大，价格持续上扬，据业内人士预测，在近5～10年内，黄连价格都会保持在90～110元/千克的水平，其下跌的可能性几乎为零。其理由是：一是黄连素的用量增大，而三颗针（提取黄连素的原料）资源日趋匮乏，只能用黄连或黄连根须及叶来代替三颗针提取黄连素，这对于发展黄连和黄连副产品的综合利用极为有利，能够增加药农收入；二是绝大多数的高寒山区，粮食产量低，发展黄连种植是农村产业结构调整的较好项目。在经济价值上，种植黄连比种植其他作物更合算；三是扩大了国内医药行业对黄连销量和药用范围，目前全国年需求量约6 000～8 000吨；四是随着市场的开发和国际贸易的广泛交往，黄连的出口量也随之增加。因此，黄连的生产必将有一个突破性的发展。

二、栽培技术

（一）植物的形态特征

黄连为多年生常绿草本（图5-1），高15～35厘米，根茎直立向上多分枝，形如鸡爪，节多而密，生有很多须根，外皮黄褐色，断面黄色；根茎上生叶，丛生状，排列紧密，叶片近革质，卵状三角形，三全裂，中央裂片卵状菱形，羽状深裂，裂片边缘具细齿，侧生裂片不等，二深裂，三出羽状复叶，中央小叶片较两侧长，具细长叶柄，叶柄长5～16厘米；花葶1～2，聚伞花序顶生，聚成圆锥状，具短柄小花3～8朵，花淡黄色，总苞片通常3片，披针形，羽状深裂，小苞片圆形，稍长，萼片5片，窄卵形，长9～13毫米，花瓣黄绿色，线形或线状披针形，长约为萼片的1/2，中央有密槽，雄蕊多数，心皮8～12，离生；蓇葖果6～12枚，长6～8毫米，长卵形，果皮绿色，后变紫色。花期2～3月份，果期5～6月份。

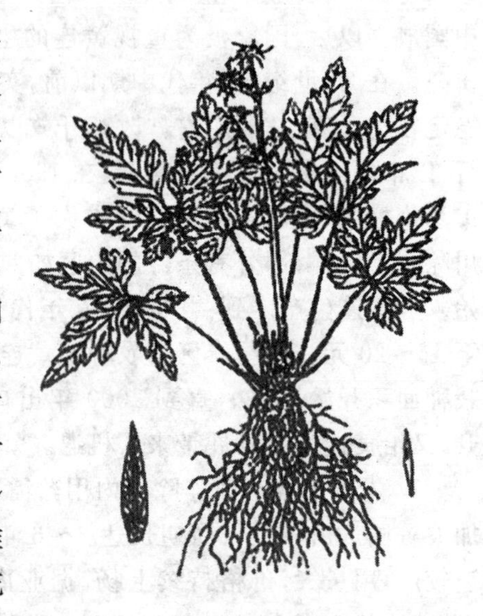

图5-1　黄　连

(二)生态生物学特性

黄连喜高寒冷凉环境，喜阴湿，忌强光直射和高温干燥。多生长在海拔1 200～1 800米的高山区，栽培时宜选择海拔1 400～1 700米的地区。植株正常生长的温度范围为8℃～34℃，低于8℃或高于34℃生长缓慢；超过38℃易受高温伤害；低于5℃时，植株处于休眠状态。

黄连生长期较长，播种后6～7年才能形成商品，栽后3～5年根茎生长较快，第5年生长减慢，6～7年生长衰退，根茎易腐烂。

种子有胚后熟休眠特征，经5～6个月3℃～5℃的低温湿沙贮藏即可解除休眠，发芽率可达90%左右。种子寿命受贮藏条件的影响很大，干贮藏和湿沙贮藏，均不易保持种子较长寿命。一般在0℃～2℃和一定的湿度条件下能保持种子的生命力多年。

（三）播种、育苗与移栽

1. 播前准备

（1）选地　宜选择杂木林地。要求土壤富含腐殖质的紫色森林土。高山宜选阳坡，低山宜选阴坡湿地，熟地栽黄连则要求背风，地势平坦，土层深厚肥沃。近年来，四川、重庆许多地方采用了自然林间栽培黄连，人工造林栽黄连，搭棚栽黄连等几种方法，取得了护林增收的双向效果。

（2）整地　选用生荒地，在播种前开荒整地。将地面上的灌木、杂草全部清除干净，挖掉灌木树根，拣去石块。能够做盖棚材料的灌木枝丫等全部留存，作为盖棚之用，不能用的枯枝落叶及杂草收集成堆焚烧，烧后将灰撒于畦面作基肥。

（3）做苗床　选用生荒地，应在翻挖后的土地上施足有机肥，再浅挖或将底肥耙入土中，然后做畦。

（4）熏土　土壤对黄连的生长有较大影响。黄连主产区的重庆市石柱地区的药农将林间表层黑色腐殖质土用烟熏制成黄连的人造土——夹马泥，它含有2/3～3/4的腐殖质土和1/4～1/3火灰。通过烟熏，土壤中的有害微生物被杀死，土壤熟化，肥力增加，表现出明显的增产效果。黄连在本土上生长较差。如在本土上以施用农家肥来提高本土肥力，每667米^{2}施牛粪10 000千克，仅较本土增产29.7%；在本土上铺盖腐殖质土5厘米厚，较本土增产19.66%；熏土后栽培，较本土栽培增产11.8%；施用夹马泥，较本土增产66.4%。因此，提倡将林间的腐殖质土经烟熏后栽种黄连，可显著提高效益。

（5）育苗地搭棚　夏播的于前1年秋搭棚；高棚秋播的应先搭棚后播种，采用简易棚（矮棚）种植的在播种后搭棚。搭高棚在做畦之前进行。建棚用材可因地制宜,就地取材。先搭棚桩,棚桩直径为10～15厘米,长1.4～1.7米,上端劈成凹形口,下端劈尖。每畦中间栽桩一行,桩纵距2～2.3米。桩的下端插入土中,深30～35厘米,上端高出地面1.2～1.5米。棚桩插好后,用长约4米以上,直径7～10厘米的杂木树条,顺畦放在棚桩的杈子上或凹口上;放纵杆时在纵杆上端靠凹的一面砍一个破口,上搭一根横杆,使之紧卡于棚桩的凹口上,使纵杆不易滑动。最后在横杆上面顺畦均匀地密放一排排的树枝,将全棚郁闭起来,郁闭程度因不同坡向而定。一般郁闭度为60%～80%,阳坡宜密些,阴坡宜稀些,育苗棚和移栽棚第一年宜密些,移栽后的第二、第三年宜稀些。

(6)移栽地搭棚　伐林垦荒地栽前搭棚,熟地整地前搭棚,与育苗地搭棚的高度大体相似。过去搭棚是就地取材,伐木搭棚,近年来,重庆市石柱县黄连产区,为了有效地保护生态环境,已改变了传统的搭棚方法,以石材或水泥构件代替木材,按照传统的标准规格制作水泥或石材棚桩用于搭棚,虽然一次性投入的费用较大,但可一劳永逸,长期使用。搭棚在整地之后进行。因黄连在栽后5年才能收获,生长时间长,棚必须搭建牢固。搭棚时应注意以下几点:一是纵杆、横杆,尤其是棚桩都要安装牢固,每根纵杆要搭稳在3根棚桩上;二是纵杆应由坡下到坡上依次搭架,在纵杆下面与棚桩相接处与横杆固定牢固;三是纵杆上每隔80厘米左右搭横杆一根,然后再由下而上一层一层地盖上覆盖物,每层覆盖物要将前一层的一端压住,以免被风吹开;四是棚内郁闭度要均匀,并要达到60%～80%;五是在兽害多的地方,要在栽完黄连后,编制围篱和防护栏。

2. 繁殖方法　栽种黄连的繁殖方法有两种,即有性繁殖和无性繁殖。其中以有性繁殖为主。

(1)有性繁殖

①选种与采种　黄连栽种后的第二年的植株即可结实,此时

的种子称为“抱孙种子”，数量少，细小，多数不饱满，发芽率极低，不宜采收作种。第三年的植株所结的种子称为“试花种子”，数量也不多，如采收期合适，将收得的种子，经过精选，可以作种。第四年所结的种子称为“红山种子”，数量多，成熟一致，籽粒充实饱满，发芽率高。所以，一般生产用种多采用移栽后第四年所结的种子。第五年植株所结的种子称为“老红山种子”，亦可作种，但数量不多。

黄连种子的采收，多选在立夏前后，当蓇葖果变成黄褐色并出现裂痕、种子变成黄绿色时，便可采收。若采收过迟，果实下垂裂开，种子会大部分散落；若过早采收，种子尚未成熟，发芽率低。采种时应选择晴天，连果序一起采下，运至室内摊放在阴凉处，经2～3 天后熟，当果实晾干水分裂开后，便可抖出种子，去除杂质及瘪粒。

②育苗　黄连一般多在 10～11 月份播种。播种前用温水 800 份加 1 份多菌灵浸种 30 分钟，并捞出瘪种，播时用相当于种子体积 10～20 倍的细沙或腐殖土与种子反复拌和，要尽量做到种子均匀，撒播于畦面上。播后用木板稍压平整，使种子与土壤紧密接触，并撒盖一层牛粪粉或细土，在畦面上覆盖一层稻草或其他覆盖物，保持土壤湿润，防止雨水冲刷，翌年春季解冻后，揭去覆盖物，以利出苗。每 667 米^2 播种量 3～4 千克，可育苗 50 万株。

③移栽　幼苗移栽可在 2～3 月份、6 月份或 9～10 月份三个时期进行，尤以 6 月份移栽最好。起苗时间随栽种不同而异。一般栽种前，选阴天或雨后随起苗随栽。选取的秧苗应具有 4～5 片真叶，起苗后每 80～100 株捆成一束，不能捆得太紧，以免弄伤秧苗。黄连秧苗因生长年限和来源不同，分为以下三种：一是 1 年生秧苗，即播种后第二年秋季的秧苗，待有 3～4 片真叶时便可移栽。二是播种后第三年的秧苗，这时的秧苗已有小的根茎，栽后成活率高，是最常见的栽种秧苗。三是第三年移栽秧苗后所遗留下的秧

苗，这种秧苗第四年移栽时多数已具有小根茎，栽后易成活，但发蔸慢，栽后必须加强管理。

移栽苗的深度一般在3厘米左右。浅栽易分蘖，根茎粗短，形成鸡爪状根茎，但易受冻害，成活率低。若栽培深度超过6厘米，虽不易受冻，成活率高，却不易分蘖，根茎细长，质量差。所以春栽宜浅，秋栽宜深。

移栽苗的密度，一般以行距6.6～10厘米、株距2.3～3厘米为宜。实验表明，产品的折干率随密度的增加而增加；成株率、单株叶数、分枝数、单株产量则随密度的增加而下降。10厘米×10厘米的株行距，在常规管理水平下，产量高，质量好。在施肥水平较低时，以7厘米×7厘米的株行距为好；在施肥水平较高时，则以12厘米×12厘米的株行距较好。

(2)无性繁殖(分株繁殖)　3～4年生雅连(三角叶黄连)，每株有分枝3～4个；味连每株10～20个。可将这些分枝从根茎分开，选留根茎长0.5～1厘米的连苗作分株苗。按行、株距15厘米×15厘米挖穴，穴深6厘米，每穴栽一株。栽后覆盖细肥土或腐殖土，压紧、栽直、栽稳，浇透定根水，以利成活。栽后当年就有70%左右的植株开花结籽，第二年全部开花。分株繁殖具有生长快，种子和根茎产量高、质量好的优点，值得推广。

(四)田间管理

1. 苗圃地的管理

(1)苗期管理　播种后，翌年春的3～4月份出苗，出苗前应及时除去覆盖物。当幼苗生有1～2片真叶时，按株距10厘米左右间苗。6～7月份可在畦面撒一层1厘米厚的碎腐殖土，以稳定苗根。遮阳棚应在出苗前搭好，一畦一棚，棚高50～70厘米，郁闭度调控在80%左右，采用林间育苗，必须于播种前调整好郁闭度。

(2)中耕除草　育苗地的杂草较多，每年最少要除草3～5次。如果土壤板结宜浅松表土。

(3)培土追肥　育苗地在间苗后,每667米^{2}施稀粪水800千克,8～9月份再施干牛粪100千克,翌年春雪化后,再施入以上肥料,可根据苗的长势适量增加用肥量。施后应及时用细腐殖土培土。

2. 定植后管理

(1)补苗　黄连苗移栽后,常有不同程度的死苗,应及时补苗。一般补苗2次。第一次多在当年的秋季,用同龄壮秧苗补苗,带土移栽更易成活。第二次补苗在翌年雪化后、新叶未萌发前进行。在冬季霜冻较重的地区,由于霜冻常把头年秋季栽种的秧苗拔出地面,所以在雪化后,要详细查看,将拔出地面的秧苗补栽于窝内,仍能成活。

(2)除草培土　移栽后每年应除草2～3次,做到见草即除,时间不必固定。除草松土后,如见根部裸露,应用腐殖土覆盖。

(3)追肥　移栽后2～3个月施1次稀粪水,9～10月份和以后每年3～4月份及9～10月份各施肥1次。春肥以速效肥为主,秋肥以农家肥为主,每次每667米^{2}施肥800～1 000千克,根据植株的生长状况施肥量可逐年增加。

(4)调节郁闭度　适宜的郁闭度是黄连生长旺盛的必要条件。黄连在不同生长发育期,需要的郁闭度是不相同的。栽后当年需要有80％～85％的郁闭度;第二、第三年需要有60％～70％的郁闭度;第四年只需要有40％～45％的郁闭度。栽后第五年种子采收后,应拆去棚上覆盖材料,称“亮棚”,以加强光照,控制地上部分生长,使养分向根茎转移,能增加根茎的产量。

第一,郁闭度的调节:栽培第一年为了保证成活,透光度在20％～25％,使黄连苗呈深绿色,第二年使一些小叶片呈黄绿色,第三年开始抽出1/3的细枝,使黄连呈黄绿色,分枝多,第四年抽出1/2小枝,第五年抽出2/3可全部揭去棚盖。调节郁闭度应根据海拔高度和地势而变化,高海拔宜低,低海拔宜高,阴山宜低,阳山宜高。据调查,在海拔1 700米的四川洪雅县栽培的味连移栽后第二年拆棚，生长良好，产量高于搭棚栽培的黄连。据日本研究证实，黄连栽培的最适郁闭度为40%～50%，光照过强，会抑制地上部分生长，叶数少，产量低。

第二，搭棚和修补：搭棚质量好，规格高，是减少垮棚的主要措施。要使整个棚盖的压力均匀分布于各棚桩上，必须选耐湿、耐腐性强的树种，如板栗、青冈、杉木等作棚桩，削桩脚后应浇沥青防腐，选择坚韧的树种作檩杆；在搭棚技术上，棚桩要栽稳，桩的高度要一致，长短檩杆要相间搁放，以免滑开，形成天窗。常见问题有棚桩腐烂，雪压断桩，檩杆断折等。前期垮棚，危害严重，是黄连低产的主要原因之一。

第三，绿色荫蔽林的郁闭度调节：绿色荫蔽林是指人工造林或自然林做荫蔽林栽培黄连的方法。其栽培树种有杜仲、连翘、红籽、黄柏、白马桑、松树、柳杉、杉树、油茶及松柏混交林等。绿色荫蔽林是牢固的天然棚盖，但存在着树林与黄连生长争夺养分和水分的突出矛盾，即黄连生长要求逐渐增大透光量，而林木生长却逐渐增大郁闭度，出现前期黄连透光量过大，而后期光照则严重不足。因而，影响黄连生长与产量。树冠大小对黄连产量的影响见表5-1。

表5-1　绿色荫蔽林对黄连产量的影响(单位：千克/667米^2)

林　型	林　下	棚　内	林　型	林　下	棚　内
人造松杉林	161.1	164.4	松　林	97.0	150.1
红籽林	255.0	100.0	杉树林	75.0	—
连翘林	233.4	213.4	四季青林	77.6	65.3
杜仲林	227.3	157.5	油茶林	60.0	47.3
黄柏林	128.0	—	柳杉林	64.5	67.3
白马桑林	128.5	161.3	矮林套玉米	100.0	215.0
青冈林	107.0	—	党　参	106.0	—

表 5-1 表明，以红籽林、连翘林和杜仲林为荫蔽林栽培黄连产量较高。

郁闭度不足的调节：当郁闭度不足时，可将密处的树枝砍下部分搭成简易棚作临时性补救。

郁闭度过大的调节：当郁闭度过大的地段，可间伐过密处的树木或修剪部分过密的树枝。

总之，林冠的郁闭度必须按黄连不同生长发育阶段所需进行相应的调节。

(5)刈割花葶　黄连花葶的生长、开花和果实发育都要消耗大量的养分。因而，根茎和须根的重量，在 3～4 月份最轻，小蘗碱的含量也最低。将花葶刈除，能控制结实，减少营养的消耗，促使根和叶的生长，增加养分的吸收，加速根茎干物质的积累，从而促使黄连产量的增加。除计划留种的外，从栽培的第二年起应将抽出的花葶摘除。根据重庆市药物种植研究所试验结果表明，刈割花葶后的黄连根茎产量可增加 31.64%(表 5-2)。

表 5-2　黄连刈割花葶与不刈割花葶产量的比较

项　目	667 米^2 产干黄连(千克)	667 米^2 产鲜黄连(千克)	667 米^2 产鲜叶、须根(克)
刈割花葶	241.1	684.86	552.65
不刈割花葶	183.17	534.53	498.34

(五)病虫害防治

1. 病　害

(1)晚疫病　本病是由一种真菌侵染所引起的病害。发病时，叶片及叶柄出现暗绿色斑，叶片变深变软、卷曲或扭曲，半透明状，下垂或干枯，4 月份开始发病，郁闭度大或过潮湿的条件下发病较严重。

【防治方法】　幼苗期棚盖不能过稀，但也不能过密而使环境潮湿，应适当调节郁闭度。出现此病时，要剪去病叶，集中烧毁，然后用65%代森锌500倍液喷2～3次，也可用50%多菌灵500倍液防治，效果较好。

(2)黄连白绢病　是由半知菌侵染所致。发病初期，地上部分无明显症状。后期随着温度的升高，根茎内的菌丝穿出土层，向表土伸展，菌丝密布于根茎四周的土表。最后在根茎和近土表上形成茶褐色油菜子大小的菌核。由于菌丝破坏了黄连根茎的皮层及输导组织，被害植株顶梢凋零下垂，最后整株枯死。本病多于4月下旬发生，6月上旬至8月上旬为发病盛期。高温多雨易发病。

【防治方法】　对此病害的防治可采用三种方法。

第一，可与禾本科作物轮作，但不宜与易受感染的玄参、附子、芍药等轮作。

第二，可用50%石灰水浇灌，或用50%多菌灵500～1 000倍液喷施，每隔5～7天喷药1次，连续喷3～4次。

第三，发现病株，带土移出黄连棚，深埋或烧毁，并在病窝及周围撒上生石灰粉消毒。

(3)黄连白粉病　白粉病是在黄连产区发生较为普遍而严重的一种病害，可引起黄连苗缺株，一般减产50%以上。干旱年份发病较重。该病害是由子囊菌纲的一种真菌所引起。主要危害叶片。在叶背出现圆形或椭圆形黄褐色的小斑点，渐次扩大成大病斑，直径大小为2～2.5厘米；叶表面病斑褐色，逐渐长出白色粉末，叶面比叶背多。于7～8月份产生黑色小颗粒，叶面多于叶背。发病由老叶渐向新生叶蔓延，白粉逐渐布满全株叶片，致使叶片渐渐焦枯死亡。下部茎和根也逐渐腐烂。翌年，轻者可生新叶，重者死亡缺苗。

【防治方法】　防治此病害，除了调节郁闭度、增加光照、冬季清园或将枯枝落叶集中烧毁外，还可在发病初期喷施0.2～0.3波美度石硫合剂或50%甲基托布津1000倍液，每7～10天喷1次，连续喷 2～3 次。

(4)黄连根腐病　该病是半知菌纲的镰刀菌所引起。发病时，须根变成黑褐色，干腐，再干枯脱落。起初根茎、叶柄无病变。叶面初期从叶尖、叶缘变紫红色，出现不规则病斑，逐渐变暗紫红色。病变从外叶渐渐发展到心叶，病情继续发展，枝叶呈萎蔫状。初期，早晚尚能恢复，后期则不再恢复，干枯致死。这种病株容易从土中拔起。

【防治方法】　一般可与禾本科作物轮作 3～5 年后再栽黄连，切忌与易感染的植物或农作物轮作；发现病株应及时拔除，并在病窝中施石灰粉，用 2%石灰水或 50%多菌灵可湿性粉剂 600 倍液全面浇灌病区，可防止病害蔓延。或在发病初期喷药防治，用 50%多菌灵可湿性粉剂1 000倍液，每隔 15 天喷 1 次，连续喷 3～4 次。

(5)黄连炭疽病　是由半知菌纲的真菌所引起。发病初期，在叶脉上产生褐色病斑。病斑扩大后呈黑褐色，并有不规则的轮纹，上面生有黑色小点，即病原菌的分生孢子盘和分生孢子。叶柄基部常出现深褐色、水渍状病斑，造成柄枯、叶落。天气潮湿时病部可产生粉红色黏状物，即病菌的分生孢子堆。

【防治方法】　发病后立即摘除病叶，消灭发病中心。可用 65%代森锌可湿性粉剂 500 倍液或 50%甲基托布津 400～500 倍液，或 50%多菌灵可湿性粉剂 800～1 000 倍液，隔 7 天喷 1 次，连续喷 2～3 次。可收到较好的防治效果。

(6)黄连紫纹羽病　由担子菌纲，卷担子菌所引起。一般苗期即可发病，但通常是生长 3～4 年后，黄连植株地上部才表现出明显病状。感病植株地上部分生长势弱，叶片稀少，近边缘的叶片早枯，植株极易拔起。感染初期，地下部土壤深处还存留部分新发须根，暂时维持地上部分生长；严重时须根全部脱落，导致整株死亡。主根受害，仅存黄色维管束组织，内部中空，质地变轻。主根和须根系表面，常有白色至紫色的绒状菌丝层，后期菌丝形成膜状菌丝块或网络状菌索。

该病在黄连主产区发生比较普遍而严重。一般病地减产20%左右，重病绝产无收。

【防治方法】 选择无病田种植，杜绝从病区调入种苗。加强管理，施用腐熟有机肥料，增加土壤肥力，改善土壤结构，提高保水力，减轻病害发生。可用石灰粉撒施于土壤中（100 千克/每 667 米^2），防治紫纹羽病，或采用发病田块与禾本科作物（如玉米）实行 5 年以上轮作。发病黄连应尽量提前收获，以减少损失。

2. 虫害和鼠害

（1）**蛞蝓** 夏、秋季为害芽苞嫩叶。

【防治方法】 可在清晨或雨后撒生石灰粉防治，亦可用鲜茶叶、鲜玉米芯、玉米秸秆放于黄连地内诱集捕杀。

（2）**黏虫** 为暴食性害虫，幼虫为害黄连嫩叶。晚间至日出前和阴天取食叶片，成群迁移。

【防治方法】 在低龄期用 50%敌敌畏 800 倍液喷杀。成虫有趋糖、醋习性，可用灯光诱杀。

（3）**地老鼠** 主要为害黄连根茎，在地下打洞，严重影响黄连生长。

【防治方法】 可用毒饵诱杀。

三、采收、加工、包装、贮藏与运输

（一）采收与加工

1. 采收 黄连收获时间与方法是决定经济效益高低的一个关键问题。过早或过迟收获都对黄连产量有较大的影响。黄连的合适收获期，一般是移栽后 4～6 年收获为佳。采收期在立冬前后为宜，采收过早，根茎水分多，不充实，折干率低，根茎中空，产量降低，品质较差。收获时应选晴天进行，先拆除棚架，用二齿耙挖起全株，抖去泥土，全株运回，在室内剪去须根和叶片，然后加工。

2. 加工　由于黄连含有易溶于水的小檗碱，所以加工时不宜用水淘洗，宜直火干燥。一般在室外搭一平炕，用柴火烘干。也可在室内用烤房烘干。在烘到黄连一折就断时，趁热放到槽笼里来回撞击，或放在铁制手摇撞桶里旋转，去掉所附泥沙、须根及残余叶柄，未完全干燥的再次烘烤。在烘烤过程中要不断翻动，防止焦化，直到符合商品黄连含水量要求，即成商品。

(二)包装、贮藏与运输

1. 包装　商品黄连多用洁净的硬纸盒或木箱，内衬防潮油纸包装。或用无污染布袋装，置于木箱内。并在包装上标明品名、批号、规格、产地等标记。

2. 贮藏　为了防止受潮和霉变，将包装好的商品置放于阴凉干燥处。

3. 运输　黄连运输时，不应与农药、化肥等其他有害物质混装。运载容器应具有较好的通气性，以保持干燥。遇阴雨天气应严密防雨防潮。

四、质量要求与商品规格

黄连以质坚体重，形如鸡爪，节膨大，形如连球。外表黄褐色，微带光泽。栓皮剥落处呈红棕色，断面黄色呈菊花心状，味苦回甜。

第六章 川芎规范化生产技术

一、概 述

(一)植物来源、药用部位与药用历史

川芎别名芎䓖,为伞形科藁本属植物。

药用部位:以干燥块茎入药。

川芎药用历史悠久,入药始载于东汉《神农本草经》,列为中品,记有"主中风入脑头痛,寒痹,筋挛缓急,金疮,妇人血闭无子"等症。《名医别录》:"无毒。主除脑中冷动,面上游风去来,目泪出,多涕唾,忽忽如醉,诸寒冷气,心腹坚痛,中恶,卒急肿痛,温中内寒。"《药性论》:"能治腰脚软弱,半身不遂,主胞衣不出,治腹内冷痛。"《日华子本草》:"畏黄连。治一切风,一切气,一切劳损,一切血。补五劳,壮筋骨,调众脉,破疗结宿血,养新血,长肉,鼻洪吐血及溺血,痔瘘,脑痈,发背,瘰疬,瘿赘,疮疥,及排脓,消瘀血。"《本草图经》:"蜜和大丸,夜服,治风痰殊效。"《本草衍义》:"此药今人所用最多,头面风不可阙也,然须以他药佐之。"《药性赋》:"味辛,气温,无毒。升也,阳也。其用有二:上行头角,助清阳之气止痛;下行血海,养新生之血调经。"《本草纲目》:"川芎,血中气药也。肝苦急,以辛补之,故血虚者宜之。辛以散之,故气郁者宜之。"《本草经疏》:"川芎禀天之温气,地之辛味,辛甘发散为阳,是则气味俱阳而无毒。阳主上升,辛温主散,入足厥阴经,血中气药。扁鹊言酸,以其入肝也。故主中风入脑头痛,寒痹筋挛缓急,金疮,妇人血闭无子。"《景岳全书》:"味辛微甘,气温,升也,阳也。其性善散,又走肝经,气中之血药也。反藜芦。畏硝石、滑石、黄连者,以其沉寒

而制其升散之性也。芎归俱属血药，而芎之散动尤甚于归，故能散风寒，治头痛，破瘀蓄，通血脉，解结气，逐疼痛，排脓消肿，逐血通经。”

（二）资源分布与主产区

川芎的产区主要分布于四川的都江堰、彭州、崇州、郫县、新都、汶川、大邑、新津、什邡、苍溪等县市，尤以都江堰、崇庆县产川芎为地道，另外甘肃、吉林、江西、云南、陕西、湖南、湖北、贵州以及上海等地也有分布。

（三）化学成分、药理作用、功能主治与临床应用

1. 化学成分　川芎主要有三类化学成分，包括：挥发油、生物碱、酚性成分等，挥发油是川芎中主要有效成分，其干燥根茎挥发油已鉴出45种成分，其含量藁本内酯占27.3％，2-丙叉-1-己酸-3-烯占41.83％。其中藁本内酯不稳定，挥发油放置过程中，含量逐渐下降至消失，而2-丙叉-1-己酸-3-烯含量升高。由于活性成分藁本内酯易分解，而2-丙叉-1-己酸-3-烯生理活性有待研究，所以在控制川芎及其制剂质量时要加以注意。川芎中生物碱类成分以川芎嗪为代表，临床应用很多，黑麦草碱、L-异亮氨酸-L-缬氨酸酐、三甲胺、胆碱、尿嘧啶。酚性成分已知有川芎酚、阿魏酸、川芎内酯、大黄酚、瑟丹酸、棕榈醛和香荚醛以及4-羟基-3-丁基内酯等，有活血行气，散风止痛功效。此外，川芎中还含有机酸（乙酸、DL-苹果酸、柠檬酸等），无机元素铁、锌、锰、铜、铯、镁、铬、钾和维生素A、β谷甾醇、蔗糖等。

2. 药理作用

（1）*对中枢神经系统的作用*　川芎有明显的镇静作用。川芎挥发油少量时对动物大脑的活动具有抑制作用，而对延脑呼吸中枢、血管运动中枢及脊髓反射中枢具有兴奋作用。

（2）*对心血管的作用*　能扩张微血管增加血流量，有利于血管内皮细胞释放活性物质。

(3)抑制血小板　据研究川芎嗪可抑制血小板聚集,故可改善微循环,有利于疾病的痊愈。

3. 功能主治与临床应用

(1)功能主治　川芎,性辛,温,归肝、胆、心包经,具有活血行气、祛风止痛的功效,治月经不调、经闭腹痛、胸肋胀痛、感冒风寒、头晕头痛、风湿痹痛及冠心病、心绞痛、跌打损伤等症,为"血中之气药"。

(2)临床应用

①治疗各种头痛　用川芎天麻散(川芎、天麻、僵蚕、柴胡、白芥子等)治疗偏头痛取得良好的效果。古方川芎茶调散(川芎、荆芥、防风、细辛、白芷等)治疗多种头痛。镇脑宁胶囊(川芎、藁本、细辛、白芷、水牛角等)用于治疗多种原因引起的神经血管性头痛。由川芎、荜茇等组成的颅痛宁颗粒对三叉神经痛、血管神经性头痛等头面部神经痛有显著的治疗效果。

②防治冠心病、心绞痛　以川芎、丹参、红花、赤芍、降香组成的冠心Ⅱ号方对冠心病、心绞痛的疗效较为肯定。以川芎为主的速效救心丸广泛应用于治疗冠心病、心绞痛,临床治疗效果很好。由赤芍、川芎、紫丹参、红花、三七等药组成的心宁片,临床用于治疗冠心病、心绞痛及脑血栓等疾病。由三七、红花、川芎等药组成的舒胸片,治疗冠心病、心绞痛疗效可靠。

③防治脑中风及脑出血　当归、川芎、红花和人参萃取液临床上用于改善脑循环功能,预防中风。由三七、川芎、红花等中药组成的脑得生丸用于脑动脉硬化、缺血性脑中风及脑出血后遗症等。华佗再造丸(川芎、吴茱萸、冰片等)用于痰瘀阻络之中风恢复期和后遗症。

④治疗肾炎　复方川芎胶囊(川芎、当归)对增殖性肾炎患者的肾功能有一定的保护作用。

⑤治疗呼吸系统疾病　川芎嗪静脉滴注可治疗哮喘急性发

作。川芎、丹参、桃仁、蝉衣、辛夷、细辛、苍耳子、黄荆子、黄芩、甘草等组成的川芎平喘合剂能治疗哮喘发作期的患者。

⑥治疗妇科疾病　传统的妇科名方四物汤(当归、川芎、熟地、白芍)用于调经活血。妇科养坤丸(熟地、甘草、川芎等)用于治疗血虚肝郁而致月经不调,经闭,痛经,经期头痛等症。

⑦治疗骨科疾病　由羌活、川芎、葛根、秦艽、威灵仙等中药组成的颈复康颗粒为颈肩痛类非处方药,用于颈椎病引起的脑供血不足,头晕,颈项僵硬,肩背酸痛,手臂麻木等症。

⑧保健用品　由当归、川芎、红花、熟地、桃仁等13味名贵中药组成的太太口服液可调节女性内分泌,具有调经、除斑、养颜和延缓衰老的功效。川芎还可用于单纯性肥胖症。如三花减肥茶,将川芎与荷叶、玫瑰花、代代花、茉莉花配合,研末开水冲服代茶饮,功能祛痰逐饮,利水消肿,主治肥胖及高血脂症。

⑨化妆美容品　川芎等中草药通过抑制酪氨酸的活性从而抑制黑色素生成,以达到皮肤美白的作用。如莲方汉方化妆品系列添加了川芎等中药材的萃取液。川芎还能通过扩张头部毛细血管,促进血液循环而增加头发营养。用于洗发液等可使头发柔顺和不易变脆,还可以提高头发的抗拉强度和延伸性,防止脱发,亦能延缓白发生长,并减轻头痛。如索芙特防脱生发香波。

(四)栽培现状与发展前景

1. 栽培现状　川芎主要为栽培品种,产于四川、贵州、云南等地,主要品种有京芎、云芎、抚芎、小抚芎、川芎、大芎、坝川芎、杜芎、山川芎等,尤以四川都江堰市,重庆市产量大、质佳。其中川芎产于四川都江堰,产量大,品质好,销往全国,并供出口。川芎是著名的川产地道药材,已有近千年的栽培历史。宋代,四川就已成为川芎的地道产区,长年种植面积数千公顷。近年随着川芎药理药化研究的深入,用途逐渐拓宽,近年来,国内许多地区都开展了川芎生产、抚育及引种栽培,最多的时候有21个省区均有种植,导致劣质药材泛滥，影响中医临床用药效果；也造成了川芎药材供过于求的局面。全国川芎药材的年产量已经超过 7 000 吨，其中四川省的年产量占全国产量的 90%以上，即每年可收获至少 6 000 吨的原料药材。每年川芎药材仍有 3 000～4 000 吨的积压。如此恶性循环，使得川芎原料药材只得贱卖。

2. 发展前景 川芎不但是我国传统大宗常用药材，也是出口贸易的重要商品，除销国内市场外，还大量出口日本、马来西亚、新加坡、韩国等 13 个国家和地区。川芎因其在心脑血管、血液系统、泌尿系统、呼吸系统等方面疗效显著，被医药界广泛应用于医疗药品或保健食品中。川芎的市场空间很大，首先为中药中活血化瘀的典型代表之一，在心脑血管疾病中使用频率很高；其次，根据有关资料统计，在 2010 年版《中国药典》Ⅰ部收载的成方制剂和单味制剂中，使用川芎的有 100 多种，约占药典收载中成药的 15%，并广泛用于治疗心血管疾病、妇科疾病等近 20 种疾病；再次，因川芎能够活血行气、祛风止痛且毒副作用小，在保健食品中占有重要的地位；另外，川芎在其他行业中也得到应用，如利用川芎挥发油制成驱避剂，能有效防治夏季蚊虫叮咬，又如川芎的提取物能有效掩盖卷烟杂气，对改进烟气质量作用明显。川芎在食品、化妆品、日用品及添加剂等方面的产品开发中，力度不够，致使目前川芎深加工的产品很少，且开发市场面狭窄。川芎的地上部分资源丰富，价廉易得，弃去可惜，应加强川芎资源的多种开发和利用，也可为中药材的综合开发利用探索出一条有效的途径。不仅如此，从现已开发上市和正在研制的以川芎为原料的新药有近 30 个，如苯酞滴丸、川芎挥发油胶囊、川芎茶、速效救心丸、妇宁丸、妇康宝口服液等，都是分别单一采用川芎的有效部位如川芎生物碱类、川芎挥发油类、川芎苯酞类，也有的是整合综合使用。根据川芎药材中与其不同药效学相对应的有效成分的理化性质，采取综合利用，以满足市场的不同需求，产生更大的社会效益和经济效益。

二、栽培技术

(一)植物形态特征

川芎为多年生草本(图6-1),高40～60厘米,根茎发达,形成不规则的结节状拳形团块,具浓烈香气。茎直立,圆柱形,具纵条纹,上部多分枝,下部茎节膨大呈盘状(苓子)。茎下部叶具柄,柄长3～10厘米,基部扩大成鞘;叶片轮廓卵状三角形,长12～15厘米,宽10～15厘米,3～4回三出式羽状全裂,羽片4～5对,卵状披针形,长6～7厘米,宽5～6厘米,末回裂片线状披针形至长卵形,长2～5毫米,宽1～2毫米,具小尖头;茎上部叶渐简化。复伞形花序顶生或侧生;总苞片3～6,线形,长0.5～2.5厘米;伞辐7～20,不等长,长2～4厘米,内侧粗糙;小总苞片4～8,线形,长3～5毫米,粗糙;萼齿不发育;花瓣白色,倒卵形至心形,长1.5～2毫米,先端具内折小尖头;花柱基圆锥状,花柱2,长2～3毫米,向下反曲。幼果两侧扁压,长2～3毫米,宽约1毫米;背棱槽内油管1～5,侧棱槽内油管2～3,合生面油管6～8。花期7～8月份,幼果期9～10月份。

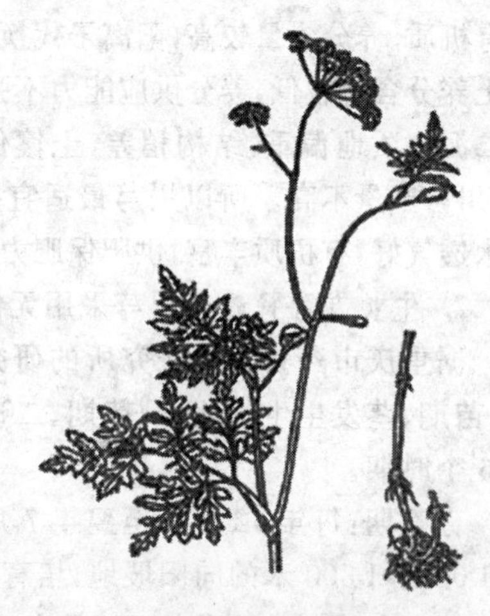

图6-1　川　芎

(二)生态生物学特性

1. 生态环境特点　川芎喜气候温和,雨量充沛,日照充足又较湿润的环境。重庆市药物种植研究所研究人员对地道产区四川都江堰和新都等地进行了川芎的生态环境和土壤特性调查研究，在海拔590～750米，属亚热带湿润气候区，具有气温、土温、水温低，雨水多，认为该区的气候特点是春迟、夏短、秋早、冬长，对川芎生长、发育和根茎养分的积累非常有利；川芎地道产区的土壤主要分为灰潮油沙土、灰潮二油沙土、紫潮二泥土3个土种。灰潮油沙土有机质、养分含量较高，阳离子代换量大，保肥能力强。灰潮二油沙土养分含量较低，养分供应能力不强，川芎苗子好，但根茎小。紫潮二泥土质地偏重，结构稍差，土壤保水保肥力强，但养分有效性差，川芎产量不高。所以川芎最适宜生长的土壤为灰潮油沙田，其通水透气好，有机质丰富，供肥保肥力强，磷含量高。

2. 生长发育特性 川芎采用无性繁殖，整个生育期280～290天。据重庆市药物种植研究所的研究认为，生育期可划分为育苓期、苗期、茎发生生长期、倒苗期、二次茎叶发生生长期、根茎膨大期6个时期。

育苓期：每年12月份至翌年7月份在川芎产区的中山地带海拔1 000～1 500米的向阳坡地，培育川芎苓种。

苗期：8月中旬栽种，至9月底，川芎发叶、发根，为苗期。

茎发生生长期：从9月底至12月中旬，川芎茎发生并迅速生长。

倒苗期：从12月下旬至翌年2月上旬，川芎茎叶逐渐枯黄、凋落，川芎处于冬眠阶段。

二次茎叶发生生长期：从2月初至4月中旬，川芎长出新叶、发生新茎，并快速生长。

根茎膨大期：从4月中旬至5月下旬，川芎根茎干物质积累多，迅速膨大。各生育期有明显的重叠现象。

（三）繁育与栽培

川芎在生产上，采用营养繁殖（也称无性繁殖），所用繁殖材料为川芎地上植株的茎节，俗称“苓子”或“芎苓子”。在繁殖中苓种健壮与否直接影响到川芎产量的高低。苓种健壮，产量就高，反之产量则低。而健壮苓种的标准：苓种茎秆粗壮，节盘（茎节）粗大，直径1.6厘米以上，节间短，平均间距8厘米以下，每根苓秆有10个左右节盘，无病虫。一般奶芎（抚芎）（即川芎根茎，可作为商品部分）与苓种产出比为1∶5～6，每667米^{2}产苓种800～1 000千克。

1. 繁育技术

（1）选地与整地　川芎的苓种繁育宜选择在海拔800～1 500米之间的中低山凉湿区，要求地势向阳，土层深厚、疏松、肥沃，排水、保水性能好的壤土地段。栽种前应清除地表杂草后，将地翻耕25～30厘米，每667米^{2}施堆肥或厩肥2 000千克左右，按1.5～2.2米开厢做畦，沟深20厘米，宽25～30厘米，将畦面耙细整平。

（2）奶芎的选择及起种时间　应选生长健壮，根茎无病虫害的奶芎繁殖苓种。于12月底至翌年1月上旬，最晚不迟于2月上旬，在平坝川芎大田挖取专供繁育苓种用的川芎根茎，运往山区栽种育苓，此种育苓方式，也称高山育苓。

而坝区栽种川芎也可就地育苓，一般在3月挖取大田奶芎，就地栽种，其管理与高山育苓相同。

（3）奶芎的处理及栽种　一般在小满至大寒（1月上中旬）栽种。栽种前必须进行选种，去除带病奶芎，然后用药剂浸种消毒，可选用50%的多菌灵可湿性粉剂500倍液浸泡15～20分钟杀菌，晾干即可栽种。采用宽行窄窝或等行距栽种。宽行窄窝规格为：30厘米×25厘米；等行距规格为：窝距27厘米，挖5～6厘米见方的穴，每穴栽奶芎1个，每667米^{2}栽7 000～7 500窝，125～175千克。栽种时注意将奶芎芽口向上按紧栽稳，并盖好土。

2. 大田栽培技术

（1）选地与整地，深沟高厢　要选土壤耕作层深厚、疏松、肥沃，排水良好、有机质含量丰富、中性或微酸性的沙质壤土，前作最好是无公害栽培的早稻田，收后耕翻，整细整平后，开厢埋沟，厢宽1.8米，沟深20～25厘米，沟宽33厘米。将厢面整成瓦背形，做到深沟高厢。

(2)适时栽种,合理密植

①苓种的选择与处理　要选用茎秆粗壮、节盘粗大、节间短、无病虫的健壮苓种。不要用茎秆近地的盘节和茎秆上部的盘节作种。用苓刀将苓种割成3～4厘米长、中间有一节盘的短节后再进行苓种处理。方法是:按50千克苓种用柳树叶(枫杨叶)1千克加烟骨头5千克加沸开水50升泡两天后,再放入苓种浸泡12小时;或用"绿浪"1.1%烟百素乳油1 000倍液,浸泡苓种20分钟。对根腐病重发区,在采取上述方法处理的基础上,再用50%的多菌灵可湿性粉剂500倍液浸泡苓种20分钟消毒杀菌。

②适时栽种　川芎在"立秋"至"处暑"(8月上中旬)栽种最佳,不宜迟到"处暑"后。若前作收获迟,不能保证适时栽种,可采取先在空地或田埂上密植育苗。育苗规格按苗龄长短采用7厘米×7厘米或10厘米×10厘米株行距,最好采取肥团育苗,苗龄控制在30天内,待前作收后及时移栽到大田种植。

③栽种方法　采取宽窄行或宽行窄窝栽插两种方式。宽窄行栽插规格为(40×27)厘米×20厘米;宽行窄窝栽插规格为33厘米×20厘米。每厢栽6行,每667米^{2}栽8 000窝左右。一般每667米^{2}栽苓种30～40千克。栽插时要牵线栽插,均匀种植,每窝1个节盘,在行间两端增栽1行,备作补苗。栽时先开2～3厘米深的浅沟,将苓种平放沟内,芽向上按入土中,并盖好种。

(四)田间管理

1. 苓种地管理

(1)定苗　3月下旬到4月初,当苓种苗长到13～15厘米高时,要及早定苗。每窝8～10苗,注意留壮去弱,留健去病。

(2)除草　定苗后和4月下旬,各浅耕1次,疏松土壤,清除杂草。以后人工扯除田间杂草。

(3)施肥　栽后每667米^{2}用腐熟猪粪尿1 000千克,按1∶3对水灌窝后，再用过磷酸钙 50 千克加堆肥 300 千克，混匀丢窝盖种。定苗后，每 667 米^2 用尿素 15～20 千克加腐熟猪粪尿 1 000 千克，按 1∶3 对水灌窝，再按每 667 米^2 用腐熟油枯 50～75 千克加堆肥 300 千克混匀丢窝。以后看苗追肥，5 月封行后，每 667 米^2 用尿素 1 千克加磷酸二氢钾 200 克对水 150 千克根外追肥 1～2 次。

(4)补水　苓种在雨水多、湿度大的条件下生长健壮，产量高。因此，在 2～3 月份苓种生长阶段如遇高温干旱要及时补水，以保证苓种正常生长。

(5)插枝扶秆　苗高 40 厘米后，要插竹枝扶秆，防止苓种倒伏，匍匐生长。

2. 大田栽培后的管理

(1)盖种、盖草　川芎栽插完后，及时用筛细的堆肥或土粪掩盖苓种，必须把节盘盖住。注意浅盖，要在行内覆盖一层稻草，保温保湿，减轻杂草危害，增加土壤有机质。

(2)中耕、除草、培土　栽后半月，幼苗出齐后，浅中耕 1 次，以后每隔 20 天左右中耕除草，注意只浅松表土，勿伤根。“冬至”前要随时打净老黄叶，1 月上、中旬，川芎间苗后，要人工拔除地上枯黄叶秆，再中耕培土，并将行间土壅在行上，保温保墒，减少养分消耗，促进根茎充实。

(3)补苗、补水　出苗后若发现缺窝死苗，应及时补齐，保证苗全。栽后如遇干旱不下雨，应引水浸灌厢沟，使厢面保持湿润。

(4)追肥　栽后半月追第一次肥，每 667 米^2 用腐熟猪粪尿 1 000千克加腐熟油枯 25 千克，按 1∶3 对水灌窝。栽后 1 个月追第 2 次肥，每 667 米^2 用腐熟猪粪尿 1 000 千克加尿素 5～7 千克，腐熟油枯 50 千克，按 1∶3 对水灌窝。10 月下旬“霜降”前追第三次肥，每 667 米^2 用腐熟油枯 100 千克，堆肥 300 千克，过磷酸钙 50 千克，混匀灌窝，促进根茎充实膨大。

(五)病虫害防治

1. 病　害

(1)白粉病　病原菌为蓼白粉菌，主要发生在高山苓种生产地，相对海拔越低(1 100 米以下)，发生率越高。从下部叶发病，叶片和茎秆上出现灰白色的白粉，逐渐向上蔓延，后期发病部位出现黑色小点，严重时致茎叶变黄枯死。在川芎苓子(繁殖材料)的生长期和收获期危害最严重，其次为 5～6 月份育苓期，6 月下旬至 7 月高温高湿育苓期也有一定危害。

【防治方法】　收获后清理田园，将残株病叶集中烧毁；发病初期用 25%粉锈宁 1 500 倍液喷施，10 天/次，连续 2～3 次；或用 5%百菌清粉剂(1.5 克/米^2)防治；特别严重时喷施石硫合剂或 50%甲基托布津 1 000 倍液；避免多年连作。

(2)根腐病　根腐病俗称“水冬瓜病”，其病原菌为尖孢镰刀菌和茄类镰刀菌。根腐病发病普遍且危害最为严重，已成为川芎种植中的重要病害，成为川芎生产的限制因子，田间发病率通常在 10%左右，严重者可达 30%以上，给川芎生产造成严重损失。该病从根茎内部开始，发病时茎叶枯黄，块茎腐烂，呈黄褐色糨糊状，有特异臭味，地上部凋萎枯死。苓种是主要的初侵染源，苓秆上部幼嫩的苓种比下部较老者更易发病，坝区栽种后 45～70 天最易发生根腐病。

【防治方法】　发现后立即拔除病株，集中烧毁，以防蔓延；实行水旱轮作；保持田间排水通畅；苓种摊晾于通风阴暗处，减少病菌相互传染；高山育种与坝区栽培前彻底剔除有病的“抚芎”和已腐烂的“苓子”；在土壤中浇灌 50%多菌灵可湿性粉剂 800 倍液或在叶面喷施甲基托布津，均有一定效果。

(3)叶枯病　发生在 5～7 月份。叶上产生褐色的不规则的斑点，致使叶片焦枯。

【防治方法】　用 1∶1∶100 的波尔多液或 65%代森锌可湿性粉剂 500 倍液防治。

2. 虫 害

(1)川芎茎节蛾 川芎茎节蛾是川芎的最主要害虫，产区称为“臭鼓虫”或“棉虫”，其完全变态过程为卵—幼虫—蛹—成虫。一般在育苓期、苓种贮藏期、茎发生至倒苗期产生危害。以幼虫(俗称“钻心虫”)蛀入茎秆，咬食节盘，导致植株死亡，使苓子不能作为种子，在平坝区为害常造成缺苗，严重时可致苓子和药材无收获。

【防治方法】 90%晶体敌百虫对水50千克喷施，苓子在栽种前用“烟骨＋麻柳叶”泡水浸泡15～20分钟，可有效降低发病率。该技术在都江堰已使用逾100年。

(2)蛴螬 蛴螬在9～10月份咬食川芎幼苗，在苓种生产后期咬食山川芎。

【防治方法】 用诱虫灯诱杀成虫金龟子；用90%晶体敌百虫1 000～1 500倍液浇注根部周围土壤；将石蒜鳞茎洗净捣碎，在追肥时每挑肥料放3.5～4千克石蒜浸出液以防治；少量发生时采取人工捕杀。

(3)红蜘蛛 学名朱砂叶螨。主要发生在高山苓种生产地，苓种生长后期7～8月份出现在植株叶片，吸食叶片水分致其枯黄，严重时吸取茎秆中的水分，一般对苓种为害不大，但不利于苓种收获，可致收获者全身瘙痒。

【防治方法】 苓种产地普遍使用GAP生产允许使用的中度毒性农药——乐果乳油，其防治效果显著，并有提苗作用；使用73%克螨特乳油2 500倍液可有效防治，且药效长达60天。但不能使用聚酯类农药，以保护红蜘蛛的天敌。

(4)烟草甲和咖啡豆象 是仓储川芎的主要害虫，繁殖快，蛀食川芎致其中空，产生大量粉末状残渣，一旦为害严重，使药材完全失效，并为害党参等100多种中药材。

【防治方法】 可使用马拉硫磷进行熏蒸防治，效果明显。此外，应保持储藏处洁净、通风、干燥、避光。药材充分干燥或真空袋装通常可有效防止仓储害虫入侵。

三、采收、加工、包装、贮藏与运输

(一)采收与加工

1. 采收 川芎苓种植株生长到6月下旬至7上、中上旬,茎中下部叶片开始枯黄,选择生长健壮和无病的植株,在晴天或阴天,用锄头将川芎苓种植株全株挖起,去掉根茎和节盘不突出的茎上部幼嫩部分,捆成小捆,用麻袋装好。

产地药农认为川芎的采收以每年农历小满后7天为好,但常因轮种水稻而提前在5月上、中旬。川芎在不同采收期其有效成分含量有较大差异,适宜期采收对保证药材质量具有重要意义。结合3种有效成分(挥发油、阿魏酸、生物碱)含量的变化及药材产量,蒋桂华等将川芎的适宜采收期定为每年5月20日(约农历小满)后10天内为宜。采收期内,应选择晴天或阴天采挖收获。

2. 加工 加工方法有先去皮潦煮和先潦煮后剥皮两种,以前者损失少,质量好,多采用。先用小刀、竹片或玻璃片将根皮刮掉,并分为大中小三级放清水中洗净,再将各级分次倒在开水中潦煮约15分钟,当颜色略发黄亮,根中心微呈黄白色时,立即捞出,在冷水中漂一下,使其冷却,防止过熟腐烂。或将根弯成圆圈以不断者为适合。如时间不够,不能弯成圆圈.潦煮后稍晾干,用硫黄熏一夜,然后摊在晒席上或用小绳、篾条穿头悬挂在太阳下晒干,或搭架晾晒。如遇阴雨天应立即炕干,否则变色发霉。

(二)包装、贮藏与运输

1. 包装 为了便于出售,常按照川芎药材商品等级规格,选用经杀菌杀虫处理的麻袋或编织袋包装;若量小或切片后,可选用真空包装。并在包装上标明产品名称、批号、规格、产地等标记。

2. 贮藏 包装好的川芎应放在通风、干燥、避光和阴凉低温的仓库或室内贮藏，切忌受潮、受热。库内最好有降温和除湿设备。贮藏过程，特别是梅雨季节，要经常检查。一旦发现有上述变质现象，要及时取出并处理。

3. 运输　川芎在运输过程中，要注意打包；运输工具必须清洁卫生、干燥、无异味，不应与有毒、有异味、有污染的物品混装混运。运输途中应防雨、防潮、防暴晒。

四、质量要求与商品规格

(一)质量要求

以块茎上无须根、泥沙，地上茎拔掉后留下瘤状突起短桩，块茎含水量低于5%为合格产品；川芎以个大饱满、质地坚实、油性重、香气浓烈为优良产品。

(二)商品规格

商品中分川芎和抚芎两种。二者气味稍有不同。川芎优于抚芎，但二者均同等入药。川芎又分一、二、三等，其规格等级标准见表6-1。

表6-1　川芎药材商品规格标准

品名	等级	标准
川芎	一等	干货。呈结绳状，质坚实。表面黄褐色。断面灰白色或黄白色。有特异香气，味苦辛、麻舌。每千克44个以内，单个的重量不低于20克。无山川芎、空心、焦枯、杂质、虫蛀、霉变
	二等	干货。呈结绳状，质坚实。表面黄褐色。断面灰白色或黄白色。有特异香气，味苦辛、麻舌。每千克70个以内。无山川芎、空心、焦枯、杂质、虫蛀、霉变
	三等	干货。呈结绳状，质坚实。表面黄褐色。断面灰白色或黄白色。有特异香气。味苦辛、麻舌。每千克70个以外，个大空心的属此。无山川芎、苓珠、苓盘、焦枯、杂质、虫蛀、霉变
抚芎	统货	干货。呈结节状，体枯质瘦。表面褐色，断面灰白色，有特异香气，味苦辛、麻舌。大小不分。以个大、肉多、外皮黄褐而有黄白色菊花心者为最优

第七章　川贝母规范化生产技术

一、概　述

(一)植物来源、药用部位与药用历史

川贝母为百合科贝母属的川贝母、暗紫贝母、甘肃贝母或梭砂贝母。

药用部位:以干燥的鳞茎入药。

贝母首载于《神农本草经》,列为中品。曰"气味辛、平,无毒。主伤寒烦热,淋沥邪气,疝症,喉痹,乳难。"《名医别录》:"味苦,微寒,无毒。主治腹中结实,心下满,洗洗恶风寒,目眩、项直,咳嗽上气,止烦热渴,出汗,安五藏,利骨髓。"《药性论》:"微寒。治虚热,主难产。作末服之,兼治胞衣不出,取七枚末酒下。末点眼,去肤翳。主胸胁逆气。疗时疾,黄疸,与连翘同。主项下瘤瘿疾。"《药鉴》:"气寒,味苦辛。辛能散郁,苦能降火,故凡心中不和而生诸疾者,皆当用之。治喉痹,消痈肿,止咳嗽,疗金疮,消痰润肺之要药也。"《本草分经》:"川贝母,辛、甘,微寒。泻心火,散肺郁。入肺经气分,润心肺,化燥痰。"历代主要本草对"贝母"皆有记载,至清代才将川贝、浙贝明确分开。

(二)资源分布与主产区

川贝母主要分布于我国的西南部,包括青藏高原野生中药区和横断山脉及喜马拉雅山南麓,西与克什米尔及印度等国接壤,东临四川盆地,北至昆仑山与新疆及青海柴达木盆地,南至西藏察隅及云南贡山、福贡、碧江、泸水。包括西藏大部、四川西北部、云南北部、青海东南部的21个地、州、市,共130多个县。

(三)化学成分、药理作用、功能主治与临床应用

1. 化学成分　中药川贝母的化学成分包括生物碱、甾醇、萜类、有机酸等。川贝母主要成分为异甾体类生物碱和甾体类生物碱,鳞茎中含川贝碱、西贝碱、贝母辛、青贝碱、松贝碱等;暗紫贝母鳞茎中有松贝辛、松贝甲素、松贝乙素、硬脂酸、软脂酸、β-谷甾醇;甘肃贝母鳞茎中含岷贝碱甲、岷贝母乙、梭砂贝母酮碱及西贝碱;梭砂贝母鳞茎中有梭砂贝母碱、梭砂贝母酮碱、川贝酮碱、梭砂贝母芬碱、新贝甲素、西贝素、贝母辛、琼贝酮、代拉文酮、代拉夫林。除此外,川贝母还含有淀粉,蔗糖、氨基酸,琥珀酸,钾、钠、钙、镁、锰、锌等无机元素。

2. 药理作用

(1)对呼吸系统的作用

①镇咳作用　川贝母具有镇咳作用。据文献报道,暗紫贝母、浙贝母等11种贝母总生物碱部分对小鼠氨水引咳均有显著或非常显著的镇咳作用,其余9种贝母的乙醇提取物也有显著的镇咳作用。

②祛痰作用　实验研究表明,家种、野生、组织培养的川贝母均有明显的祛痰作用。其祛痰效果随剂量加大而增强。

③平喘作用　据研究发现川贝、平贝、湖北贝母、鄂北贝母等都具有明显的平喘功效。贝母的平喘机制一般认为与其松弛支气管平滑肌,减轻气管、支气管痉挛,改善通气状况有关。

(2)对血压的作用　给猫静脉注射川贝碱4.2毫克/千克可产生持久性血压下降,并伴以短暂的呼吸抑制;西贝碱对麻醉犬亦有降压作用;贝母碱及贝母碱宁极少量时可使血压上升。大量生物碱则致血压下降。西贝母碱对麻醉犬有降压作用,主要由于外周血管扩张,对心电图无明显影响。

(3)对血糖的作用　给家兔静脉注射川贝碱7.5毫克/千克,可使血糖升高并维持2小时以上。

(4)抑菌作用　实验表明,贝母碱对卡他球菌、金黄色葡萄球菌、大肠杆菌、克雷伯氏肺炎杆菌都有抑制作用,去氢贝母碱和鄂贝定碱对卡他球菌、金黄色葡萄球菌具有抗菌活性的作用,且鄂贝定碱对这两种菌的抗菌活性高于贝母碱和去氢贝母碱。

3. 功能主治与临床应用　川贝母性苦、甘、微寒,具有润肺散结、止咳化痰的独特功效。用于肺热燥咳,干咳少痰,阴虚劳嗽,咳痰带血。治虚劳咳嗽、吐痰咯血、肺痿、肺痈、喉痹、乳痈之症。川贝母临床应用相当广泛。

(1)镇咳祛痰

①由蛇胆汁、川贝母、苦杏仁水、蜂蜜、薄荷脑等组成蛇胆川贝液,具有清肺化热、祛痰止咳的功效,适用于热性咳嗽,痰黏色黄、难以咯出,也用于慢性咽炎。②由人工牛黄、蛇胆汁、川贝母等中药组成牛黄蛇胆川贝液,具清热润肺、化痰止咳的功效。适用于外感咳嗽,上呼吸道感染,尤其适用于治疗热痰咳嗽,燥热咳嗽。③由川贝母、枇杷叶、桔梗、薄荷脑组成的咳安含片,主要功能为清热宣肺、化痰止咳。

(2)治疗肝硬化腹水　川贝、制甘遂(醋炒至连珠)各15克,共为细末,清晨空腹时用大枣20枚煎汤送服或装胶囊内服,每周2～3次,另将白茅根煎水代茶饮,腹水消失后续服补中益气丸。有严重心脏病、溃疡病者禁服。

(3)治疗前列腺病　治疗小便不利、淋沥涩痛为主症的尿路感染、前列腺增生、前列腺炎。如治疗前列腺肥大,用贝母、苦参、党参各25克水煎服,一般连服3～5剂后即见功效。

(4)治疗婴幼儿消化不良　川贝粉碎,过80～100目筛后,分装备用。每日按每千克体重0.1克,分3次服用。

(5)治疗乳腺小叶增生症　川贝母与当归等组成配方。

(四)栽培现状与发展前景

1. 栽培现状　由于受生理因素及地理环境等条件的限制,加上人工种植难度大、繁殖系数低、生产周期长；商品药材主要依靠野生资源，导致采挖过度，造成资源极度的匮乏，产量急剧下降，长期处于供不应求的状态。因此，川贝母已被列为国内珍稀濒危中药材。自然生长的贝母多生于海拔较高的地区，从 20 世纪 50 年代四川就开始开展人工栽培工作，引种栽培时，鳞茎繁殖成活率高，但繁殖系数低；而种子繁殖系数高，但生长时间长，出苗率低。为了缩短贝母的生产周期，提高无性繁殖系数，有不少工作者对贝母进行了各方面的研究，其中包括组织培养，以期提高繁殖能力、增加产量。对贝母属组织培养的研究内容涉及各种贝母愈伤组织的产生、贝母碱生产、胚状体诱导、器官分化，以及在分化过程中生理生化的变化等问题。贝母的组织培养始于 20 世纪 70 年代，80 年代中期前，贝母的组织培养工作大多与栽培相结合，提供幼苗，以扩大繁殖系数，以后大多是将贝母的鳞茎接种后再直接或间接地形成新的鳞茎，不经过育苗移栽入大田。对贝母的组织培养还进行了新的探索，比如从再生植株途径等，进一步扩大贝母的繁殖能力。

总之，采用种子繁殖与鳞茎繁殖相比，周期较长，为了满足市场需求，需要采用周期更短的方式来栽培。陈士林等在青藏高原山地实施川贝母的野生抚育，突破了传统的人工种植的模式。通过前期对川贝母的生态分布、土壤、植物群落与药材品质的相关性及产地适应性的系统研究，为商品贝母的野生抚育打下了基础。成都恩威集团已在康定、炉霍等地开始了对川贝母的人工抚育试验推广，由于家种贝母的生态环境与野生贝母存在较大的差别，对贝母的品质也存在影响，野生抚育的方式更有利于保持川贝母的原有特性和品质。该研究对不便农田种植，需在高原特殊环境生长的药材探索建立了一种资源恢复更新，重建生态系统的切实可行的野生抚育体系，对保障高原药材的可持续发展，具有重要作用。该项技术的推广，可以缓解市场对药材的需求，同时也可促进地方经济的发展。同时在甘孜、阿坝州建立川贝母 GAP 基地，这对于缓解供需矛盾，保护野生资源是很有意义的。

2. 发展前景 川贝母是药用与观赏于一体的经济植物，所以川贝母是一种亦花亦药的植物，随着对贝母研究的深入，其应用价值还在不断被挖掘。川贝母在临床上已得到了广泛的应用，中国每年的含川贝母的中成药产值在 30 亿元人民币左右，目前有超过 400 家制药企业生产着 200 多种含川贝母的成药产品，如川贝枇杷露、川贝止咳糖浆、蛇胆川贝液等。随着市场需求的快速增长，川贝母资源日益短缺。目前国内每年的川贝母药材产量在 100～200 吨，只占市场需求的 5%～10%，川贝中的优质品松贝市场供货价 2 000 元/千克左右，质量中等的青贝 1 800 元/千克左右，质量较次的炉贝也要 1 500 元/千克左右。然而，目前大规模的人工栽培仍未成功，川贝母生长地区人工种植技术水平比较低，可控措施难于实施，不能和平原地区一样进行大规模人工种植，从而导致野生资源濒危程度加重。1987 年国务院颁布的《野生药材资源保护管理条例》及公布的重点保护目录中已将其列为三级保护物种，以现在的趋势看还应该加大保护力度。

川贝母的产量于新中国成立后五十多年呈现由低到高又由高逐渐降低的走势，20 世纪 50 年代年产量在 50 吨左右，50 年代中期达到 80 吨左右，随着经济特别是交通的发展，西藏、青海等偏远地区的原始资源得到快速的开发利用，1957 年产量达 220 吨，其后几年产量有所下降，在 100 吨左右徘徊。60 年代国家加强民族地区药材收购力度，许多生产人员跋山涉水进山发展生产，川贝母资源得以全面开发。1965 年产量达历史最高量 300 吨，但以后几年资源已难以恢复。70～80 年代产量一直徘徊在 150 吨左右，80 年代中期全国开展资源普查，把还未开发的资源都开发了出来，产量又达到 200 吨以上。从此以后川贝资源就开始逐年减少，直至降到近几年每年产量不到 100 吨的水平。从上述的情况可以看出，川贝母的自然资源已透支过度，现在产量逐年下降，需求逐年增加，出现尖锐的供需矛盾是必然结果。从川贝母的生产和市场看，开发前景较好。

二、栽培技术

（一）植物形态特征

植株高 15～50 厘米（图 7-1）。鳞茎由 2 枚鳞片组成，直径1～1.5 厘米。叶通常对生，少数在中部兼有散生或 3～4 枚轮生的，条形至条状披针形，长 4～12 厘米，宽 3～5 厘米，先端稍卷曲或不卷曲。花通常单朵，极少 2～3 朵，紫色至黄绿色，通常有小方格，少数仅具斑点或条纹；每花有 3 枚叶状苞片，苞片狭长，宽 2～4 毫米；花被片长 3～4 厘米，外三片宽1～1.4 厘米，内三片宽可达 1.8 厘米，蜜腺窝在背面明显凸出；雄蕊长约为花被片的 3/5，花药近基着生，花丝稍具或不具小乳突；柱头裂片长 3～5 毫米。蒴果长宽各约 1.6 厘米，棱上只有宽 1～1.5 毫米的狭翅。花期 5～7 月份，果期 8～10 月份。

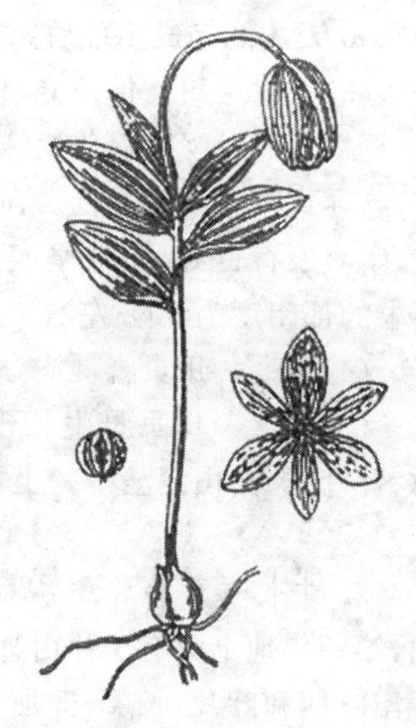

图 7-1　川贝母

（二）生态生物学特性

1. 对环境条件的要求

（1）海拔高度　川贝母各来源种多分布于我国西南地区及青藏高原海拔 2 700～3 500 米的高山灌丛及草甸地带。棱砂贝母分布于冻荒漠流石滩，海拔最高。海拔低的地区不能生长。

(2)温度　川贝母适宜在积雪期长、环境冷凉、湿润、年平均气温不超过10℃～12℃的高山地带生长。研究表明贝母年生育为90～105天。日均气温5℃左右出苗，10℃～13℃开花，14℃～16℃果实成熟。15℃～20℃是生长的最适温度，气温达到30℃或地温超过25℃时，植株生长受到抑制，甚至枯萎。种子采收后，种胚尚未成熟，种胚发育以10℃左右为好。完成种胚形态后熟所需时间因种而异，一般需42～56天，此后还需经0℃～3℃的低温70～90天才能完成生理后熟阶段，种子才能出苗。

(3)光照　川贝母需光、但忌强光，因高温和干旱常与强光伴随，夏季日照过强会促使植株水分蒸发和呼吸作用加强，使川贝早枯，易导致鳞茎干燥率低。在全光照而凉爽的条件下，植株生长健壮，鳞茎发育良好，质地坚实，在郁闭度过大的地方则生长不良。要求的郁闭度为50%左右。

(4)水分　川贝喜湿润，忌干旱和积水。

(5)土壤　川贝母生长于温带高山、高原地带的针阔叶混交林、针叶林、高山灌丛中。土壤为山地棕壤、暗棕壤和高山草甸土等。

2. 生长发育特性　从种子萌发到开花结籽需经4～5年时间，第一年地上只有1片由种子出苗后生出的一片扁平线形叶，分不出叶柄和叶片，长4～5厘米，只有一绿豆粒大的小鳞茎。第二年有1～2片具明显叶柄的基生叶，鳞茎如黄豆大小。第三年大部分具2片基生叶，其中部分发育良好的植株可形成短小的地上茎，直立高5～10厘米，茎上生有3～7片无柄叶，鳞茎近球形。第四年植株有10～18厘米地上茎，有6～12片叶。川贝地下鳞茎和地上茎均逐年增大、长高、叶片也增多，第四年可开花、结实，第五年可大量开花结实。进入成年期，鳞茎重量在7年以前呈直线增长幅度达到生长盛期，以后生长开始减慢。

（三）播种、育苗与移栽

1. 选地整地

（1）选地　选背风的阴山或半阴山为宜，并远离麦类作物，防止锈病感染，以土层深厚、质地疏松、排水良好、富含腐殖质的壤土或油沙土为好。生荒地可选种 1 季大麻，以净化杂草、熟化土地、改良土壤结构、增加有机质。

（2）整地　在冬末春初，翻地 20～25 厘米深，拾去石块，将挖起的树根和杂草堆放在一起晒干并烧毁，深耕细耙，做 1.3 米宽的畦。每 667 米^2 用堆、厩肥 1 500 千克，过磷酸钙 50 千克，油饼 100 千克，堆沤腐熟后撒于畦面，浅翻，在四周开排水沟。

2. 繁殖方法　川贝母繁殖方法有鳞茎繁殖和种子繁殖两种方式。

（1）种子繁殖

①种子的采收　川贝种子因生长的自然环境不一，成熟时间不一致，故应根据果实成熟程度来决定采收期，当贝母果实饱满，果实全变枇杷黄而不存绿色，即蜡熟期采收为佳。采种当天最好以苔藓类植物分层覆盖，装竹筐，保持通气，不干，以促进母种胚的分化，缩短成胚时间。

②种子培育与处理

A. 培育种子。6～7 月份采挖贝母时，选直径 1 厘米以上、无病、无损伤鳞茎作种。鳞茎按大、中、小分别栽种，做到边挖边栽。每 667 米^2 用鳞茎 100 千克。也可穴栽，栽后第二年起，每年 3 月份出苗前，喷镇草宁，4 月上旬出苗后，及时拔除杂草，并施稀人畜粪水。4 月下旬至 5 月上旬，再施 1 次追肥。7～8 月份，果实饱满膨胀，果壳黄褐色或褐色，种子已干浆时剪下果实，趁鲜脱粒或带果壳进行后熟处理。

B. 种子后熟处理。带壳种子，用过筛的细腐殖土，含水量低于 10%，一层果实一层土，装透气木箱内，放冷凉、潮湿处。脱粒的种子，按 1∶4（种子∶腐殖土）混合贮藏室内或透气的木箱内。贮藏期间，保持土壤湿润，果皮（种皮）膨胀，约 40 天，胚长度超过种子纵轴 2/3，胚先端呈弯曲。完成胚形态后熟，可播种。

③播种　9～10 月份播种。采用条播、撒播或蒴果分瓣点播均可。

A. 条播。于畦面开横沟，深 1.5～2 厘米，宽 15～20 厘米，间距 7～10 厘米，将拌有细土或草木灰的种子均匀撒于沟中，并立即用过筛的堆肥或腐殖质土覆盖，厚 1.5～3 厘米，然后再盖上山草或其他覆盖材料，以减少水分蒸发防止土壤板结和冻拔。每 667 米^2 用种子 2～2.5 千克。

B. 撒播。将种子均匀撒于畦面，以每平方米 3 000～5 000 粒种子为宜。覆盖同条播。

C. 点播。趁果实未干时进行。将未干果实分成 3 瓣，于畦面按 5～6 厘米株行距开穴，每穴 1 瓣，覆土 3 厘米。此法较费工，但出苗率高。

（2）鳞茎繁殖

①鳞茎的选择　贝母枯苗后及时挖收。要收籽进行有性繁殖的鳞茎可选 2～10 克的大小为宜，栽后可连续采籽 2 年再翻栽，可降低用种量及劳力投资。以收药材为目的，可选鲜重 10～30 克的鳞茎作种。种用鳞茎选好后，需在通风良好的室内或荫棚下晾置 10～15 天，待鳞茎表面呈浅棕色再栽种，否则影响出苗。

②栽植　在整好的畦上横向开沟，行株距与沟深依鳞茎的大小而定，大于 5 克的鳞茎，行距宜 15 厘米左右，沟深宜 12 厘米左右；1～4 克的小鳞茎，行距 13 厘米，沟深 8 厘米左右，株距随鳞茎的增大而增大，范围在 10～20 厘米之间。将鳞茎均匀摆放沟内，芽头向上，用开第二沟的土盖好第一沟的鳞茎。

（四）田间管理

1. 搭棚　川贝母生长期需适当荫蔽。播种后，春季出苗前，揭去畦面覆盖物，分畦搭棚遮阴。矮棚，高15～20厘米，第一年郁闭度50%～70%。第二年降为50%，第三年为30%，收获当年不再遮荫。高棚，高约1米，郁闭度50%。最好是晴天荫蔽，阴、雨天亮棚炼苗。

2. 除草　川贝母幼苗纤弱，应勤除杂草，因播种密度大，盖土浅，拔草容易损伤或带出小苗，应将带出小贝母随即栽入土中。每年春季出苗前、秋季倒苗后各用镇草宁除草1次。尤其7～8月份雨季温度高，杂草萌芽生长快，应注意将杂草消灭于萌芽期。

3. 培土追肥　秋季枯萎倒苗后要在畦面培土2～3厘米，使贝母鳞茎处于较厚土层下，容易安全过夏和越冬，每年贝母出苗前要揭去覆盖物追施厩肥或堆肥，每667米^{2}施2 000～2 500千克，花果期再用过磷酸钙水溶液或磷酸二氢钾0.5%水溶液进行1次根外追肥，可提高种子及商品鳞茎的产量和质量。

4. 排灌　1～2年生贝母最怕干旱，特别是春季久晴不雨，应及时洒水，保持土壤湿润。久雨或暴雨后应注意排水防涝。冰雹多发区，还应采取防雹措施，以免打折花柄或损伤果实。

(五)病虫害防治

1. 病　害

(1)立枯病　高山夏初温低，雨水多，1年生贝母幼苗遇冷偶尔会发生立枯病，表现症状是近地面的叶基部腐烂萎蔫而猝倒，但危害并不严重。

【防治方法】　注意排水、调节郁闭度，以及阴雨天揭棚盖；如有发现，除及时排水外，还可在发病植株周围喷洒1∶1∶100波尔多液消毒，即可控制。

(2)锈病　为川贝母主要病害，病源多来自麦类作物，多发生于5～6月份。

【防治方法】　选远离麦类作物的地种植；整地时清除病残组织，减少越冬病原；增施磷、钾肥，降低田间湿度；发病初期喷0.2

波美度石硫合剂或97%敌锈钠300倍液。

(3)白粉病　栽植时操作及保管不好，堆沤发热的种(繁殖材料)容易得此病，鳞茎局部成乳酪样腐烂，患部表面可见菌丝呈灰白、黑色或蓝绿色孢子。

【防治方法】　防止鳞茎损伤及堆沤，栽前鳞茎必须晾置并用50%多菌灵可湿性粉剂1 000倍液浸种20分钟。

(4)菌核病　被害鳞茎产生黑斑，严重时整个鳞茎变黑，其内形成大小不等的黑色菌核，地上部枯萎。

【防治方法】　发现病株立即拔除，并用石灰消毒病穴，再用50%多菌灵可湿性粉剂1 000倍液灌根防止未病植株进一步蔓延。

2. 虫　害

(1)小地老虎　为杂食性害虫。主要为害幼苗、咬断幼苗根茎，使植株枯萎而死，造成缺苗。

【防治方法】　应清除地内和地边杂草，减少产卵场所。地老虎还可设置诱杀盆诱杀，方法是配糖醋液，糖∶醋∶白酒∶水比例为3∶4∶1∶2，对好后加总量的1%～2%的敌百虫，放置盆中于田间，诱杀地老虎。

(2)金针虫　4～6月份咬食根部。

【防治方法】　利用金针虫趋光性，每年4～6月份在其出土期设置诱虫灯诱杀；65%或80%代森锌可湿性粉剂配成500～700倍液，于整地时拌土，或出苗后掺水500千克灌土防治。

三、采收、加工、包装、贮藏与运输

(一)采收与加工

1. 采　收

(1)种子采收　川贝以5～6年生留种为好，为保证种子饱满，每株留花2～3朵为宜。7～8月份果实黄熟时分批剪下脱粒立即沙藏，或用布袋盛装，放通风处供外地或翌年使用。

(2)鳞茎的采收　种子繁殖第三、第四生长年，此时尚未大量开花结实，商品质量好，无性繁殖的一个生长年可采收鳞茎作种栽和加工成商品。川贝母6月下旬进入倒苗末期，7月上旬，川贝母完全倒苗，在此期间，应及时收挖贝母，过早或过晚采收都会影响贝母的产量和质量。在晴天或阴天进行，用狭锄或小齿耙仔细挖收，勿伤鳞茎，以免影响种栽和商品质量。由于贝母颗粒较小，采挖时要仔细翻挖，深度15～20厘米，将贝母捡尽再挖。

2. 产地加工　忌水洗，挖出后要及时摊放晒席上；切勿在石坝、三合土或铁器上晾晒。切忌堆沤，否则泛油变黄。如遇雨天，可将贝母鳞茎窖藏于水分少的沙土内，待晴天抓紧晒干。将川贝母装入麻袋或编织袋，扎紧袋口，来回拉动使之相互摩擦至残根脱落，表皮稍有脱落但不损外形为度。3克以下的小鳞茎可直接晒干。先晾干表面水汽；然后摊在竹席、棉毯等物上暴晒4～6小时可成粉白色，冷却之前不宜翻动，最好盖上黑布，傍晚鳞茎降温后，摊晾室内，次日再晒即可干燥。以1天能晒至半干，次日能晒至全干为好。若天气不好，需用烘房烤干，将洗净摩擦好的鳞茎摊放在烘烤盘的竹帘上，烘烤温度以40℃～50℃为宜，温度宜先低后高，要注意排潮，特别是前期。若高温、高湿会使淀粉糊化造成“油子”、“僵子”，低温高湿会发霉腐烂。3克以上的鳞茎不易干燥，需放熏灶内，用硫磺熏蒸，至断面加碘液不变色为止，然后再烘干。川贝的鲜干比为3.1～3.5∶1。

(二)包装、贮藏与运输

1. 包装　川贝母一般为机制麻袋包装，每件40千克。贮存于低温、干燥处；温度25℃以下，空气相对湿度70%～75%。商品安全水分12%～13%。

2. 贮藏　贮藏期间应保持干燥。如果含水量高或仓库湿度过大，可选晴天摊晾；亦可用生石灰、无水氯化钙等吸潮剂吸潮去湿。有条件的地方应选15℃以下低温、干燥库房贮藏，或用密封抽氧充氮进行保护。川贝母易受潮后发霉、变色；有的显霉斑。易虫蛀，虫情严重时，可用马拉硫磷熏杀。

3. 运输 川贝母运输时，不得与农药、化肥等其他有害物质混装。运载容器应具有较好的通气性，以保持干燥，遇阴雨天气应严密防雨防潮。

四、质量要求与商品规格

（一）质量要求

外观质量以色白、粉性足、有光泽、无黄色油籽或暗灰色软粒为标准产品。

（二）商品规格

本品为百合科植物川贝母、暗紫贝母、甘肃贝母或梭砂贝母的干燥鳞茎，前三者按形状不同分别称“松贝”和“青贝”，后者习称“炉贝”。商品质量标准见表7-1。

表7-1　川贝母商品规格标准

品名	等级	标准
松贝	一等	干货。呈类圆锥形或近球形，鳞瓣二，大瓣紧抱小瓣，未抱部分呈新月形，顶端闭口，基部底平。表面白色，体结实、质细腻。断面粉白色。味甘微苦。每50克240粒以内，无黄贝、油贝、碎贝、破贝、杂质、虫蛀、霉变
	二等	干货。呈类圆锥形或近球形，鳞瓣二，大瓣紧抱小瓣，未抱部分呈新月形，顶端闭口或开口，基部平底或近似平底。表面白色，体结实、质细腻。断面粉白色。味甘微苦，每50克240粒以内。间有黄贝、油贝、碎贝、破贝。无杂质、虫蛀、霉变

续表 7-1

品　名	等　级	标　准
青　贝	一等	干货。呈扁球形或类圆形,两鳞片大小相似。顶端闭口或开口。基部较平或圆形,表面白色,细腻、体结实。断面粉白色。味淡微苦。每 50 克在 190 粒以内。对开瓣不超过 20%。无黄贝、油贝、碎贝、杂质、虫蛀、霉变
	二等	干货。呈扁球形或类圆形,两鳞片大小相似。顶端闭口或开口,基部较平或圆形。表面白色,细腻、体结实。断面粉白色。味淡微苦。每 50 克 130 粒以内。对开瓣不超过 25%。间有花油贝、花黄贝不超过 5%。无全黄贝、油贝、碎贝、杂质、虫蛀、霉变
	三等	干货。呈扁球形或类圆形,两鳞片大小相似。顶端闭口或开口。基部较平或圆形。表面白色,细腻、体结实。断面粉白色。味淡微苦。每 50 克在 100 粒以外。对开瓣不超过 30%。间有油贝、碎贝、黄贝不超过 5%。无杂质、虫蛀、霉变
	四等	干货。呈扁球形或类球形,两鳞片大小相似。顶端闭口或开口较多,基部较平或圆形。表面牙白色或黄白色,断面粉白色。味淡微苦。大小粒不分。间有油粒、碎贝、黄贝。无杂质、虫蛀、霉变
炉　贝	一等	干货。呈长锥形,贝瓣略似马牙。表面白色,体结实。断面粉白色。味苦。大小粒不分。间有油贝及白色破瓣。无杂质、虫蛀、霉变
	二等	干货。呈长锥形,贝瓣略似马牙。表面黄白色或淡黄棕色,有的具有棕色斑点。断面粉白色。味苦。大小粒不分。间有油贝及破瓣。无杂质、虫蛀、霉变

第八章　石斛规范化生产技术

一、概　述

(一)植物来源、药用部位与药用历史

石斛物为兰科石斛属植物,分为金钗石斛、黄草石斛、铁皮石斛、马鞭石斛和环草石斛。

药用部位:以鲜茎或干燥茎入药。

石斛入药,始载于《神农本草经》,列为上品,称其:“主伤中,除痹,下气,补五脏,虚劳羸瘦,强阴。久服厚肠胃,轻身,延年”。其后历代诸家草本均予录述。如《名医别录》云:石斛“逐皮肤邪热痱气,腰膝冷痛痹弱”。唐代甄权的《药性论》进一步指出:石斛能“益气除热,主治男子腰肢软弱,健阳,除皮肤风痹,骨中久冷虚损,补肾,积精,腰痛,养肾气,益力。”着重强调其补肾益精、强腰壮膝之功。自宋代开始,石斛的临床应用则逐渐扩大,除广泛用于肾阴虚诸证外,还广泛用于胃中有热诸证的治疗。明代张景岳的《本草正》更明确地概括了石斛的功效特点:“用除脾胃之火,去嘈杂善饥及营中蕴热,其性轻清和缓,有从容分解之妙,故能退火,养阴,除烦,清肺下气,亦止消渴热汗。”李时珍的《本草纲目》对石斛的功效也有其识见:“石斛气平,味甘、淡、微咸,阴中之阳,降也。乃足太阴脾、足少阴右肾之药”。至今,石斛仍为中医常用的滋阴、清肺、生津、止渴、养胃、除烦之要药,一般认为鲜石斛清热之力过于滋阴,干石斛滋阴之力过于清热之力。总之,本品用药历史悠久,至今仍然广泛应用。

(二)资源分布与主产区

石斛主要分布于秦岭和长江流域及其以南的各省区;多数种类集中分布在北纬15°30′～25°12′之间,我国石斛属植物有74种,主要分布于云南、贵州、广西三省。广东、四川、重庆、湖南、湖北、海南、江西、浙江等省、市亦有分布。

(三)化学成分、药理作用、功能主治与临床应用

1. 化学成分　石斛茎中主要含有多种生物碱,约0.3%,已鉴定结构的有:石斛碱、石斛胺、石斛次碱、石斛星碱、石斛因碱、6-羟基石斛星碱、石斛宁碱、石斛宁定,以及季铵盐N-甲基石斛碱,8-表石斛碱等。此外,尚含多糖、氨基酸、黏液质及淀粉等。

鲜石斛茎含挥发油,其中二萜化合物达诺醇占50%以上。

2. 药理作用

(1)解热作用　中医临床认为石斛有一定的解热消炎作用。金钗石斛合剂对于某些炎症,如唇疔、疔疮等具有明显疗效。

(2)对消化系统的作用　石斛煎剂口服,能促进胃液分泌而助消化。

3. 功能主治与临床应用

(1)功能主治　石斛味甘,性微寒。具有益胃生津、滋阴清热的功能。多用于阴伤津亏,口干烦渴,食少干呕,病后虚热,目暗不明。

(2)临床应用

①中医临床应用　石斛为中医常用的滋阴除热、养胃生津之要药。

临床善用石斛清胃除虚热,常用于胃中有热诸症的治疗。例如:

胃阴不足症:常见口燥咽干、口干渴、舌红少津等。单用石斛煎汤代茶饮,即可见效,如《本草纲目拾遗》的“霍石斛汤”,若胃阴不足,脾阴消耗而成胃脾阴虚之证,常以之与沙参、麦冬、扁豆、山药、太子参等养胃益脾阴之品同用，如《阴虚证治》的“益脾养胃汤”。《程门雪医案》的“石斛资生汤”，以石斛为君，伍用茯苓、扁豆、白术等健脾之品，治脾胃阴虚而症见嘈杂善饥纳少，便结，舌苔花剥，脉细者。

胃热阴伤症：石斛甘而微寒，既善滋阴生津，又具一定的清热之功，可用治外感热病，邪热炽盛、伤及胃阴而症见咽干舌燥、烦渴汗出等症。其鲜品清热之力尤甚。如《时病论》的“清热保津法”，用鲜石斛与鲜生地、天花粉、麦冬、连翘等用，以增强其滋阴清热生津之力，主治热病津伤、烦渴、舌干苔黑之症，疗效尤佳。

消渴症：消渴一证，病属阴虚燥热，从脏腑而言，上消属肺，中消属脾胃，下消属肾，石斛甘而微寒，滋阴清热，又善入胃、肺、肾三经，故可用治上中下三消。若治上消，可与天冬、麦冬、玉竹、南沙参等养阴润肺、生津止渴之品配伍，如《医醇剩义》的“逢原饮”。治中消之证，配天花粉、沙参、麦冬等养阴益胃，配石膏、黄连等泻其胃火，如《医醇剩义》的“祛烦养胃汤”。治下消之证，方如《杂病源流犀烛》的“生地黄饮子”，方中以石斛、天冬、麦冬、生地、熟地，滋阴填精，人参、黄芪、甘草益气生津，枇杷叶、枳壳宣肺散津，泽泻清泻虚火，共奏滋阴填精润燥之功。

此外，本品亦是中医从古到今均广泛应用于治疗肾阴虚损诸证之圣药。

腰膝痿痹：石斛滋肾阴，益肾精，又能壮筋骨，故常用治上症。如《太平圣惠方》的“石斛丸”，《妇科玉尺》的“石斛牛膝汤”等均有养阴益血、补肾强腰之效。

阴虚目暗：石斛滋补肾阴，以养肝明目，常用于阴虚目暗之证。如《圣济总录》的“石斛散”，以石斛 30 克，仙灵脾 30 克，苍术 15 克，共为细末，每服 6 克，主治雀目、眼目昼视精明暮夜昏暗，视物不见，乃取其滋阴明目之功。

②现代临床应用　由于石斛毒副作用很低，现代临床应用亦

十分广泛,并不断发展创新。主要临床应用的病症如:

慢性胃炎:治胃热虚火者最为适宜,或食入即吐,时作干呕,舌红绛,光剥无苔。用石斛清胃热养胃阴,如清胃养阴汤(石斛15克,北沙参20克,麦冬15克,花粉15克,扁豆15克,竹茹15克,生豆芽20克,水煎服)。

糖尿病:治胃热表现尚易饥多食,胃脘不爽,消瘦,口干舌燥,烦渴多饮,口臭便秘,可用消渴方(石斛15克,花粉40克,知母20克,麦冬15克,北沙参25克,生地25克,黄连5克,水煎服)。

热病伤津:患者表现有虚热,微汗,目昏,口渴,或有筋骨酸痛、舌干红、脉软数无力,可用石斛、麦冬、生地、远志、茯苓、元参各50克,炙甘草25克,共研末,每次服20克。

心脑血管疾病:以石斛为主药研制的脉络宁注射液等系列产品,在治疗脑血栓、动脉硬化、血管脉管炎等心脑血管疾病上疗效甚为满意。

此外,石斛在治口臭、眼病、萎缩性胃炎、浅表性胃炎、慢性结肠炎,以及消暑、抗癌、抗衰老等方面广为应用,具有较满意的疗效。

(四)栽培现状与发展前景

1. 栽培现状　石斛的历史用药主要来源于野生资源。由于用药量的逐日增加,其野生资源亦日趋递减,兼之石斛所要求的生态环境亦较苛刻,且生长较慢,植株矮小,产量较低,单靠野生资源远远难以满足市场之急需。但由于历史原因,石斛的人工栽培直到20世纪60～70年代才开始起步,而且仅限于科研单位或药材收购部门的初试研究。而真正进行人工栽培已是20世纪80年代末到90年代初,才有一定的栽培面积。虽然石斛的人工栽培初获成功,但是栽培数量始终处于较低水平,生产发展较慢。建议有条件的主产区广泛发动群众,加强石斛的人工栽培,并在资金和技术上给予扶持,不断扩大种植面积,增加产量,确保市场的用药需求。

2. 发展前景 石斛是我国著名的传统地道药材及出口创汇商品。石斛商品主要依赖于野生资源，新中国成立后，将石斛列为三类品种，由市场调节产销。20 世纪 50 年代至 70 年代，石斛的收购量由于受自然灾害等因素的影响，曾出现过几次大的起伏。例如，石斛主产区广西 1957 年收购 41.7 万千克，而 1960 年降为 0.5 万千克；以后逐年回升。1966 年高达 80 万千克，其后又下降，1968 年则降为约 5 万千克；1975 年又回升到 34.3 万千克，但到 1979 年却降到建国后石斛收购的最低点 0.39 万千克。其后，由于石斛资源受到环境等因素的制约，野生资源逐年减少，而其用药需求量却日益增大。石斛不但在国内中医临床配方中用药量不断增加，而且在出口外销和中成药工业原料等需求上更是大有缺口，如黄草石斛、环草石斛、耳环石斛均在国际市场上享有盛誉；广西的“石斛精”，贵州的“口臭液”，特别是江苏南京金陵制药厂的“脉络宁”注射液，以及传统成药如石斛夜光丸等都需要大量石斛。据业内人士统计，石斛年需求量为 80 万～100 万千克，且现在其需求量还在上升。但石斛野生后备资源已临濒危，石斛野生变家种虽已获成功，但其生产时间长，难度大，故本品目前仍处于供不应求，甚至有价无货的局面。因此，必须加强石斛的资源保护及扩大种植面积，深入研究与实施石斛规范化无公害生产基地建设，大力发展石斛生产，不断改进与提高石斛生产技术，更进一步提高其质量及增加产量，以不断满足市场的需要。

二、栽培技术

(一)植物形态特征

石斛为多年生附生性草本植物(图 8-1)。茎丛生、直立、粗壮，高 10～60 厘米，直径达 1.3 厘米，黄绿色，上部稍扁而略成“之”字形弯曲，具纵槽纹，有节，节略粗，基部收缩，膨大成蛇头或卵球形。单叶互生,3～5片生于茎的上端,叶近革质,狭长椭圆形或近披针形,先端2圆裂,叶脉平行,全缘,叶鞘紧附于节间;无柄;老茎上部常分生侧枝,侧枝基部长有气生根。总状花序,腋生,花大,直径达8厘米,1～4朵,下垂,花萼及花瓣白色带紫色或淡紫色,先端紫红色;萼片3,中央1片离生,两侧1对,基部斜生于蕊柱足上,几相等,长圆形,先端急尖或钝,萼囊短钝;花瓣椭圆形,与萼片等大,顶端钝;唇瓣宽卵状矩圆形,比萼片略短,宽约2.8厘米,具短爪,两面被毛,唇盘上面具1个紫斑;蕊柱长6～7厘米,连足部长约12厘米;雄蕊呈圆锥状,花药2室,花粉块4,蜡质。蒴果,种子多而细小如粉末。花期4～6月份,果期6～8月份。

图8-1 石 斛

(二)生态生物学特性

1. 生态环境特点 石斛属植物为亚热带附生性植物。大多数生长在亚热带、湿度较大,并有充足散射光的老山林中,且常附生于深山老林的树干或树枝上,或生长于林中的山岩石缝或石槽间。石斛的附主植物一般都具有树皮厚、多槽沟,并附生有苔藓,蓄纳水分较多的特点;石斛所附生的岩石,常在涧溪流经之处,石面常湿润,且附生有苔藓。经研究,在石斛产区,石斛通常附生的树种为青冈、油桐、乌桕、樟树、柿树、桃树、梨树、枣树、枇杷、黄桷等。岩石以质地粗糙、土松泡、易吸湿、表面附着腐殖质土和苔藓植物的为佳。如在广西、贵州石斛产区调查发现，石斛多是分布在喀斯特地带，并以树皮厚而多槽沟、叶草质或蜡质、树冠茂密的树种上附生，或生长在密林下岩石缝的阴湿腐殖质土上，都伴生有苔藓植物。

石斛喜温暖、湿润及阴凉的环境，生长期年平均温度在18℃～21℃，1月份平均气温在8℃以上，无霜期250～300天；年降水量1 000毫米以上，生长处的空气相对湿度以80%以上为适宜。以在半阴半阳的地方，附生于布满苔藓植物的山岩石缝或多槽皮松的树上的石斛质量为佳。例如，石斛主产区重庆合江县的石斛，主要产于海拔400～800米范围内，年平均气温18.2℃，年降水量1 050毫米，空气相对湿度82%，其生长地的地势，一般都是在比较低陷落槽处，大多比较阴湿闷热，附生树以黄桷树并生有苔藓植物者为好；贵州赤水、兴义、安龙、罗甸等地的石斛，主要产于海拔600～1 300米范围内，年平均气温14℃～19℃，年降水量1 100～1 500毫米，空气相对湿度80%～85%，多生长在温暖、阴湿，富含疏松肥沃的沙砾土壤或腐殖质土的石灰岩缝中，以及黄桷、青冈、香樟、槲等树上。在光照太强或过弱、气温过高或太低、土质贫瘠或保水性差的环境下生长不良。

2. 石斛的生长发育特性 石斛为多年生附生草本植物，常附生于密林树干或岩石上，并常与苔藓植物伴生。石斛的根一部分固着于附主，起固定和支持作用，并吸取附主的水分和养料；另一部分根裸露在空气中，吸取空气中的水分。石斛属植物与附主虽然不是寄生关系，但附主不仅与石斛属植物的生长发育相关，而且对石斛中所含化学物质有一定的影响，如在银杏树、梨树等多种植物上栽种石斛，发现其有效成分石斛生物碱的含量均比在石缝间野生的石斛含量为低。

野生石斛行种子繁殖和营养繁殖。在石斛果实中，含有上万粒细小种子，随风飞扬，散落在适宜的附主树杈上或石缝间，则可萌发成苗。一般生长3年后开花，植株不断产生萌蘖，茎的基部或茎节在接触地面时或在适宜条件下，均能产生不定根而形成新的个体。植株于花后落叶，且一般不萌发新叶而于茎基萌发新枝。花于茎顶或侧枝单生或排成总状花序。植株下部的花发育较早而首先开放。花期20～30天，但花序顶端的花有5%～10%发育不正常，还有许多种石斛只开花不结果，而仅以营养繁殖。野生石斛繁殖很慢，自然更新能力很差。

石斛的生长规律大致为：每年春末与夏初之间，在2年生的茎上部的节上抽出花序；开花后从茎基部长出新芽并发育成新茎，老茎则渐渐皱缩，不再开花。秋季新茎渐趋成熟，生长缓慢，并在凉爽较干燥的气候中进入休眠期，以利于越冬花序的形成。花期4～6月份，果期6～8月份。

(三)播种、育苗与移栽

1. 播前准备

(1)附主选择与选地整地

①附主选择　石斛为附生植物，附主对其生长影响较大。石斛既不同于粮食作物，也不同于其他经济植物。后者都是靠主根、侧根、须根在土壤中吸收水分和养分，而石斛则是靠裸露在外的气生根在空气中吸收养分和水分，粮食和其他作物的载体是土壤，而石斛的载体是岩石、砾石或树干等。掌握了这一特点，若选择石斛附主(生产地)为岩石或砾石时，则应选沙质岩石或石壁或乱石头(或称之为石旮旯)之处，并要相对集中，有一定的面积，而且阴暗湿润、岩石上生长有苔藓，周围有一定数量的阔叶树，作为遮荫树和作为发展石斛附主进行生产。

若选择荫棚栽培石斛，则应选在较阴湿的树林下，用砖或石砌成高15厘米的高厢，将腐殖土、细沙和碎石拌匀填入厢内，平整，厢面上搭100～120厘米高的荫棚进行石斛生产。

石斛通常附生于岩石或树干上，对生长环境有特殊的要求，用土壤栽培是不能成活的。如把石斛栽在大树干上或石缝中，需3～5年才能旺盛生长，见效缓慢。因此，研究石斛的驯化栽培方法，筛选适合石斛生长的基质，对石斛资源恢复相当重要。若将生长在大树干上或岩石、石壁、石缝及砾石等环境中的石斛移到地面驯化栽培时，必须使用其适宜的栽培基质。对8种石斛人工栽培基质进行了比较筛选，结果表明：锯木屑及石灰岩颗粒是最优的栽培材料，为石斛新附主选择、发展石斛生产开拓了新路。现将该实验介绍如下：

试验材料：金钗石斛试验苗（采自贵州省赤水市长沙镇）。

栽培用的基质：洋松的锯木屑、木质中药渣、直径1厘米以下的石灰岩颗粒、5厘米以下的沙页岩石碎块、石灰岩颗粒加锯木屑、河沙、碎砖块加锯木屑、稻壳。

试验方法与处理：用高约20厘米的旧木箱和砖块砌成1 200～1 330厘米^{2}的方格，内盛试验处理的各种基质，于3月初各栽种石斛苗1千克。重复3次。

管理方法：主要在4～9月份，每半月洒施1次含有氮、磷、钾、钙、镁、硫、铁、钠、锌、铜、钼、锰、硼等元素的复合营养液。11月份连根拔出，抖掉根部基质后，测定产量，并观察和分析生长情况。

结果与分析：不同栽培基质对石斛产量的影响很大，各种栽培基质对石斛的产量和生长状况有着显著的差别，其统计结果见表8-1。

表8-1 不同栽培基质与石斛产量的对比

基质种类	各重复产量（千克）			平均产量（千克）
洋松锯木屑	2.40	2.15	1.95	2.17
木质中药渣	1.63	1.78	1.65	1.69
石灰岩颗粒	1.85	1.90	2.05	1.93

续表 8-1

基质种类	各重复产量(千克)			平均产量(千克)
沙页岩石碎块	2.05	1.75	1.60	1.80
石灰岩颗粒加锯木屑	2.25	2.10	1.95	2.10
河　沙	1.05	0.90	0.84	0.93
碎砖块加锯木屑	1.40	1.45	1.35	1.40
稻　壳	0.78	0.65	—	0.72

经方差分析表明,各栽培基质处理大都存在着显著差异。与锯木屑栽培的作比较,除河沙和稻壳 2 个处理外,其他都存在着显著差异。据观察,锯木屑栽培的石斛一直生长旺盛;石灰岩颗粒及其加锯木屑的 2 个处理也较好;木质中药渣栽培的石斛前期生长好,但后来随着中药渣的腐烂,出现生长停滞、根系腐烂;河沙和稻壳基质的石斛根系生长较缓慢,是造成产量低的原因。

实验研究结果表明:石斛驯化栽培的首要因素是必须提供其根系良好的生长环境。锯木屑因其疏松透气,又能保持水分及养料,适合根系生长的要求。石灰岩颗粒加入适量锯木屑或单纯的石灰岩颗粒也不失为石斛栽培的较好基质,特别是在长江流域禁伐区,锯木屑来源受到严重影响的情况下,石灰岩颗粒是石斛栽培的良好材料。

②选地整地　根据不同地区,不同条件、不同品种对质地的要求,栽种石斛时要先进行地块整理,其基本要求是:在大块的岩石上栽培石斛时,应在石面上用钻子按株、行距 30 厘米×40 厘米的间距打窝,窝深在 5～10 厘米左右。打碎的石花放在石面上(留着压根之用),在石面较低一方打一个小出水口,以防积水引起基部腐烂,打窝时应保护好石面上其他部位的苔藓。

在小砾石上栽培石斛时,将地内的杂草、杂枝除去,预留好遮荫树，将过多过密的小杂树清除，以利增加透光程度和太阳的斜晒力度。

此外，还可选择适宜场所进行树栽、墙栽、盆栽，或种于石缝、岩壁及人工栽培基质上。

2. 繁殖方法 石斛的繁殖方法分为有性繁殖和无性繁殖两大类，目前生产上主要采用无性繁殖。

(1)有性繁殖 石斛种子极小，每个蒴果约有 20 000 粒，呈黄色粉末状，通常不发芽，只在养分充足、湿度适宜、光照适中的环境条件下才能萌发生长，一般需在组织培养室进行培养。

(2)无性繁殖

①分株繁殖 在春季或秋季进行，以 3 月底或 4 月初石斛发芽前为好。选择长势良好、无病虫害、根系发达、萌发多的 1～2 年生植株作为种株，将其连根拔起，除去枯枝和断枝，剪掉过长的须根，老根保留 3 厘米左右，按茎数的多少分成若干丛，每丛须有茎 4～5 枝，即可作为种茎。

②扦插繁殖 在春季或夏季进行，以 5～6 月份为好。选取 3 年生健壮的植株，取其饱满圆润的茎段，每段保留 4～5 个节，长约 15～25 厘米，插于石灰石或河沙中，深度以茎不倒为度，待其茎上腋芽萌发，长出白色气生根，即可移栽。一般在选材时，多以上部茎段为主，因其具顶端优势，成活率高，萌芽数多，生长发育快。

③高芽繁殖 多在春季或夏季进行，以夏季为主。3 年以上的石斛植株，每年茎上都要萌发腋芽，也叫高芽，并长出气生根，成为小苗，当其长到 5～7 厘米时，即可将其割下移栽。

3. 栽种方法 石斛栽种宜选在春(3～4 月份)、秋(8～9 月份)季为好，尤以春季栽种比秋季栽种为宜。这主要是充分利用阳春三月，气温回升，风和日暖，春雨如油，万物复苏的黄金季节，适宜的温湿度、日照、雨水等条件，有利于刺激石斛茎基部的腋芽迅速萌发，同时长出供幼芽吸收养分、水分的气生根，达到先根、后芽的生长目的。秋季种植是利用秋天的适宜温度(适宜小阳春前)引发根系生长,但根的质量、数量、长速都不及春季。在湿润条件满足,遮荫条件较好的地方,夏季亦可生长出一部分根、幼芽。栽种前的各项准备工作做好后,即可选择最佳季节大力发展石斛生产。

目前,石斛栽种的方法通常有以下几种。

(1)**贴石栽培法**　选择阴湿林下的石缝、石槽有腐殖质处,将分成小丛的石斛种苗根部用牛粪泥包住,塞入岩石缝或槽内,塞时应力求稳固,以免掉落。或将小丛石斛种苗直接放入已打好的窝内,然后用打窝时的石花均匀地将基部压实,以风吹不倒为度,将基部和根牢固地固定在石窝内即可。若是在砾石上栽培,其办法是将种苗平放在砾石上,然后用石块压住种苗中下部,基部和顶部裸露在外,仍以风吹不倒为度。如栽放种苗的地方有石灰尘,应用水冲或湿布擦净,有利于提高成活率。在石面四周种植石斛,可以用钻子打小窝、事前应收集好鲜牛粪,鲜牛粪中可掺入 30∶1 的磷肥,加水踩混,稀湿度以手捏之手指缝中不流水为度。将石斛种苗紧紧贴住小窝,一手抓准备好的牛粪搭在石斛种苗茎的中下部,使种苗牢固地贴在石头上,种苗的顶部和基部都要裸露在外。

(2)**贴树栽种法**　在高山阔叶林中,选择树干粗大、水分较多、树冠茂盛、树皮疏松、有纵裂沟的常绿树(如黄桷树、乌桕、柿子、油桐、青冈、香樟、楠木、枫杨树等)。在较平而粗的树干或树枝凹处或每隔 30～50 厘米处用刀砍一浅裂口,并剥去一些树皮,然后将已备好的石斛种苗,用竹钉或绳索将基部固定在树的裂口处,再用牛粪泥浆(用牛粪与泥浆拌匀)涂抹在其根部及周围树皮沟中。为防止风吹和雨水冲刷,可用竹钉钉牢或用竹篾、绳索绑牢,以固定石斛须根和植株于树干或树丫上,使其新根长出后沿树体紧密攀援生长。在树上栽种时,应从上而下进行。已枯朽的树皮不宜栽种。

(3)**荫棚栽种法**　将小砾石拌少量细沙(焦泥灰和细沙),做成宽40厘米、长120厘米、高17厘米的高畦，将石斛种苗分株后栽于畦内，密度以20厘米×20厘米一窝，在上面盖7～10厘米厚的细沙或砾石，压紧。畦上搭1.7米高的荫棚，向阳面挂一草帘，以利于调节温、湿度和通透新鲜空气，并经常保持畦面的湿润。

（四）田间管理

1. 浇水 石斛栽种后应保持湿润的环境条件，要适当浇水，但严防浇水过多，切忌积水烂根。

2. 追肥 栽种石斛时不须施肥，但成活后必须施肥，才能提高石斛的产量和质量。一般于石斛栽种后第二年开始追肥，每年1～2次，第一次为促芽肥，在春分至清明前后进行，以刺激幼芽发育；第二次为保暖肥，在立冬前后进行，使植株能够贮存养分，从而安全越冬。通常都是用油饼、豆渣、牛粪、猪粪、肥泥加磷肥及少量氮肥混合调匀，然后在其根部薄薄地糊上一层。由于石斛的根部吸收营养的功能较差，为促进其生长，在生长期内，常每隔1～2个月，用2%过磷酸钙或1%硫酸钾进行根外追肥。

（1）贴石栽培 一年内可追肥2次，早春追肥一般在2～3月份，早秋追肥在9～10月份进行，以腐熟的农家肥上清液或多元复合肥水溶液，每667米^{2}用量1 000千克左右，浓度宜低不宜高，以免造成烧根。如果残渣过多，使根的伸展受阻，会影响石斛的正常生长。在干旱时可结合浇水，在水中按规定放入磷酸二氢钾、赤霉素作叶面喷施。既达到施肥的目的，又可降低岩石温度，增加湿度，使其增加新根、新芽，提高商品性能和产品质量。

（2）贴树栽培 可将腐熟后的农家肥上清液或磷酸二氢钾、赤霉素溶液采用高压、喷雾方法作根外施肥，施肥时间与次数视石斛生长状况，结合降水情况而定，旱时勤施，涝时少施。

（3）荫棚栽培 主要施用腐熟农家肥的上清液，施肥时间与次数主要根据湿度而定，棚内湿度大时少施，久旱无雨时勤施，涝时少施，要注意棚内温湿度变化，灵活掌握。

不管采用何种方式栽培的石斛，其施肥时间都要在清晨露水干后进行，严禁在烈日当空的高温下施用肥水，否则，将会严重影响石斛的正常生长。

3. 除草　种在岩石或树上等场所的石斛，常常会有杂草滋生，直接与石斛的根部竞争养分，影响石斛的养分吸收，为保证石斛的生长，必须随时将其拔除。一般情况下，石斛种植后每年除草2次，第一次在3月中旬至4月上旬，第二次在11月份。除草时，将长在石斛株间和周围的杂草及枯枝落叶除去则可。但在夏季高温季节，不宜除草，以免影响石斛的正常生长。

4. 调节郁闭度　石斛栽培中应注意郁闭度的调节。例如贴树栽培的石斛，随着附主植物的生长，郁闭度不断增加，每年冬季应适当修剪去除其过密的枝条，以控制郁闭度为60%左右为宜，否则不适宜石斛的生长。荫棚栽培的石斛，冬季应揭开荫棚，使其透光，以保证石斛植株得到适宜的光照和雨露，利于更好生长发育。

5. 修枝　每年春季发芽前或采收石斛时，应剪去部分老枝和枯枝，以及生长过密的茎枝，以促进新芽生长。

6. 翻蔸　石斛种植5年以后，植株萌发很多，老根死亡，基质腐烂，病菌侵染，使植株生长不良，故应根据生长情况进行翻蔸，除去枯朽老根，分株另行栽培，以促进植株的生长和增产增收。

(五)病虫害防治

1. 病害防治

(1)*黑斑病*　发生病害时，嫩叶上呈现黑褐色斑点，斑点周围显黄色，逐渐扩散至叶片，严重时，黑斑在叶片上互相连接成片，最后枯萎脱落。本病常在初夏(3～5月份)发生。

【防治方法】　用1∶1∶150波尔多液或多菌灵1 000倍液预防和控制其发展。

(2)*煤污病*　病害时整个植株叶片表面覆盖一层煤烟灰黑色粉末状物，严重影响叶片的光合作用，造成植株发育不良。3～5

月份为本病的主要发病期。

【防治方法】 用50%多菌灵1 000倍液或40%乐果乳剂1 500倍液喷雾1～2次防治。

(3)炭疽病 受害植株叶片出现深褐色或黑色斑块,严重的可感染至茎枝。1～5月份为本病的主要发病期。

【防治方法】 用50%多菌灵1 000倍液或50%甲基托布津1 000倍液喷雾,以预防或控制该病对新株的感染。

2. 虫害防治

(1)石斛菲盾蚧 本害虫寄生于石斛植株叶片边缘或叶的背面,吸取汁液,引起植株叶片枯萎,严重时造成整个植株枯黄死亡,同时还可引发煤污病。

【防治方法】 本害虫在5月下旬是孵化盛期,以40%乐果乳油1 000倍液或1～3度石硫合剂喷杀效果较好。已成活壳,但量少者,可采取剪除老枝叶集中烧毁或捻死的办法防治。

(2)蜗牛 本害虫主要躲藏在叶背面啃吃叶肉或咬食为害花瓣。该害虫一年内可多次发生,一旦发生,为害极大,常常可于一个晚上将整个植株吃得面目全非。

【防治方法】 ①用麦麸皮拌敌百虫,撒在害虫经常活动的地方进行毒饵诱杀;②在栽培床及周边环境喷洒敌百虫、溴氰菊酯等农药,也可撒生石灰、饱和食盐水;③注意栽培场所的清洁卫生,枯枝败叶要及时清除,在场外烧毁。

三、采收、加工、包装、贮藏与运输

(一)采收与加工

1. 采收 野生石斛全年均可采收,以秋后采收的质量为佳。家种者则通常于栽培2～3年后便可陆续采收。

采收时间。一年四季均可采收,但以立冬至清明植株未萌芽前收获为佳。此时，石斛已停止生长，枝茎坚实饱满，含水量少，干燥率高，加工质量好。

采收方法。采收时，用剪刀或镰刀从茎基部将植株剪下，注意采老留嫩，使留下的嫩株继续生长，以便来年连续收获，达到1年栽种，多年受益的目的。据资料介绍，每丛石斛可收鲜石斛250～750克，少数大丛可收1500～2500克。

2. 产地加工 石斛入药应用一般分为鲜石斛和干石斛两大类。

(1)*鲜石斛加工* 采回的鲜石斛不去叶及须根，直接供药用。或将采回的石斛除去须根和枝叶，用湿沙贮存备用；也可平装于竹筐内，盖以蒲席贮存，但注意空气流通，忌沾水而引起腐烂变质。

(2)*干石斛(黄草)加工* 在石斛主产区，干石斛的传统加工方法主要有以下2种：

①*水烫法* 将鲜石斛除去枝秆和须根，在水中浸泡数日，使叶鞘质膜腐烂后，用刷子刷去茎秆上的叶鞘质膜或用糠壳搓去质膜。晾干水分后烘烤，烘干后用稻草捆绑，竹席盖好，使之不透气，再烘烤，火力不宜过大，而且要均匀，烘至7～8成干时，再搓揉1次，然后烘干，取出，喷少许沸水，顺序堆放，用草垫覆盖好，使颜色变成金黄色，再烘至全干即成。

②*热炒法* 将上述净制后的鲜石斛置于盛有炒热的河沙锅内，用热沙将石斛压住，经常上下翻动，炒至微微有爆裂声，叶鞘干裂时，立即取出置放于木搓衣板上反复搓揉，以除尽残留叶鞘。用水洗净泥沙，在烈日下晒干，夜露之后于次日再反复搓揉，如此反复2～3次，使其色泽金黄，质地紧密，干燥即得。

(二)包装、贮藏与运输

1. 包装 本品传统包装较为简陋(鲜石斛多用竹篓包装；干石斛多经打捆后外包篾席包装)，难保产品质量，对此应当加以改进；宜采用无污染、无破损、干燥、洁净的、内衬防潮纸的纸箱或木箱等适宜容器包装，并在包装上注明品名、批号、规格、产地等标记。

2. 贮藏 鲜石斛置潮湿阴凉处贮藏;干石斛置阴凉通风干燥处贮藏,并防潮防霉变。

3. 运输 本品批量运输时,不与其他药材(特别是有毒类药材等)混装,并注意防重压、防破损、防潮湿等。

四、质量要求与商品规格

(一)质量要求

1. 干石斛 以色泽金黄,有光泽,质柔韧、无泡秆,无枯朽糊黑,无膜皮者为佳。

2. 鲜石斛 以有茎有叶,茎色青绿或黄绿,叶草质、气清香,折断有黏质,无枯枝败叶、泥沙、杂质为合格;以色青绿或黄绿,气清香,肥满多汁,咬之发黏者为佳。

(二)商品规格

目前,石斛药材商品规格标准,见表8-2。

表8-2 石斛药材商品规格标准

品名	等级	标准
环草石斛	一级	足干,色金黄,身幼细坚实,柔软,横直纹如蟋蟀翅脉,无白衣,无芦头,无须根,无杂质
	二级	标准与一级基本相同,但有部分质地较硬
	三级	足干,色黄,条较粗,身较硬,无头芦,无须根,无杂质
马鞭石斛	小马鞭石斛	足干,色黄,身结实,无枯死草,无芦头,无须根,无霉坏,条粗,直径0.3厘米以内
	大马鞭石斛	足干,色黄,身结实,无枯死草,无头芦,无须根,无霉坏,条粗,直径超过0.3厘米

续表 8-2

品　名	等　级	标　　准
黄草石斛	黄草节	足干,色黄,身结实,不捶破,无枯死草,无芦头,无须根,无霉坏,条粗,条长 1.5 厘米左右,直径 0.3 厘米以内
	小黄草	标准要求与黄草节基本相同,条长 30 厘米左右,直径 0.3 厘米以内
	大黄草	标准要求与黄草节基本相同,条长 30 厘米以上,直径 0.3 厘米以上
金钗石斛	统货	足干,黄色,无枯死草,无头芦,不捶破,无霉坏

第九章 郁金(莪术、姜黄)规范化生产技术

一、概 述

(一)植物来源、药用部位与药用历史

郁金又名玉京、玉金、川郁金,为姜科姜黄属植物郁金、姜黄、广西莪术或蓬莪术的干燥块根。

药用部位:郁金、莪术和姜黄三种中药,同科同属,仅不同种,同时又根据药用部位的不同而“一物两用”,三者均为姜黄属植物的地下部分,不同之处为:中药郁金使用的是块根(块根为根茎前端膨大部分),中药莪术和姜黄使用的是根茎。(注:据《药典》所载,现所用的郁金系指郁金、姜黄、广西莪术和蓬莪术 4 种植物的块根部分;姜黄系指姜黄植物的根茎部分;莪术系指莪术植物的根茎部分。本书仅介绍郁金的生产技术。)

郁金始载于《药性论》,列为中品。称其“治女人宿血气心痛,冷气结聚,温醋磨服之。”《新修本草》记载:“主血积,下气,生肌,止血,破恶血,血淋,尿血,金疮”。《日华子本草》曰:“治一切气,开胃消食,通月经,消瘀血,止扑损痛,下血及内损恶血。”《本草汇言》:“郁金,清气化痰,散瘀血之药也。其性轻扬,能散郁滞,顺逆气,上达高巅,善行下焦,心肺肝胃气血火痰郁遏不行者最验,故治胸胃膈痛,两胁胀满,肚腹攻疼,饮食不思等证。又治经脉逆行,吐血衄血,唾血血腥。此药能降气,气降则火降,而痰与血,亦各循其所安之处而归原矣”。

(二)资源分布与主产区

郁金主产于四川、广西、浙江等地。四川有 1 000 多年的栽培

历史,其品种主要是姜黄和蓬莪术,分别称为黄丝郁金和绿丝郁金,产于四川省岷江流域沿岸各区县,尤以成都市的双流、崇州为地道产区。广西郁金主产于灵山、上思、钦州、横县、浦北、玉林、贵港、平南。莪术栽培区域主要分布在广西灵山和四川崇州、双流、温江,其中,灵山县以栽培广西莪术为主,双流、崇州、温江一带以栽培蓬莪术为主。

(三)化学成分、药理作用、功能主治与临床应用

1. 化学成分　郁金含挥发油 2%～6.1%,不同品种郁金挥发油虽有许多相同成分,但在主要成分及其含量上差异较大。挥发油中的主要成分大体与各自的根茎所含相似,如黄丝郁金挥发油的主要成分为姜黄烯、姜黄酮、芳姜酮;绿丝郁金挥发油中主要含有吉马酮、芳姜酮;桂郁金挥发油的成分中以莪术醇、呋喃二烯含量较高。不同品种姜黄素含量差别很大,如黄丝郁金比绿丝郁金含量高达数十倍。若以姜黄素作为指标成分,四种郁金中黄丝郁金的质量较好。另据报道,黄丝郁金中尚含香豆酰阿魏酰乙烷、2-对-香豆酰甲烷、二阿魏酰甲烷、对-香豆酰阿魏酰甲烷。从郁金热水提取的高分子组分中分离得 A、B、C 3 种多糖。多糖 A 由 L-鼠李糖、L-阿拉伯糖、D-木糖、D-半乳糖、D-葡萄糖、D-半乳糖 A 构成;多糖 B 由 L-阿拉伯糖、D-木糖、D-半乳糖、D-葡萄糖、D-半乳糖 A 构成;多糖 E 由鼠李糖、阿拉伯糖、D-木糖、D-半乳糖、D-葡萄糖、D-半乳糖 A 构成,6 分支葡聚糖部分为其高活性部分,所占比例较大。

2. 药理作用　中医学认为郁金具有活血止痛、行气解郁、清心凉血、利胆退黄的功效。现代药理学研究表明,郁金具有保护肝细胞、促进肝细胞再生、抗癌、抗菌、抗氧化的作用。挥发油和姜黄素是郁金的主要有效成分。郁金挥发油不仅具有杀菌、抗病毒、抗炎及活血化瘀、去腐生肌的作用,而且还可抑制肿瘤细胞的生长,对预防宫颈癌有积极作用。姜黄素具有抗肿瘤、抗炎、抗菌、抗氧化等多种药理作用，且毒性低，具有良好的临床应用潜力，受到国内外广泛的关注。

3. 功能主治与临床应用 郁金，辛，苦，寒，归心、肝、胆经；功能活血止痛、行气解郁、凉血清心、利胆退黄。主治肝气郁滞、血瘀内阻的胸腹胁肋胀痛、月经不调、痛经及癥瘕痞块；湿温病湿浊蒙蔽清窍、胸脘痞闷、神志不清，以及痰气壅阻、闭塞心窍所致的癫痫或癫狂等病；肝郁化热、迫血妄行所致的各种血症及妇女经脉逆行等证兼有瘀滞现象者；黄疸、胆石症。现临床应用在以下几个方面：

(1)治疗肝胆系统疾病

①治疗肝炎 用郁金注射液治疗30例急性黄疸性肝炎，结果显示对乏力、纳呆、恶心、腹胀、肝区痛、肝肿大等症状和体征的有效率分别为93％、89％、96％、73％、75％、42％；治疗后退黄疗效显著，21例恢复正常，9例接近正常，总有效率达100％。由此可见，郁金具有改善肝细胞代谢，恢复肝细胞功能的作用。

②治疗胆囊炎 用五金汤(郁金、鸡内金、金铃子各10克，金钱草20克，马蹄金15克)治疗慢性胆囊炎患者60例，每日1剂，水煎服，1月为1疗程。总有效率为83.3％。用柴胡栀子郁金汤(柴胡12克，郁金12克，栀子10克，木香12克，枳壳12克，黄芩12克，蒲公英20克，川楝子9克，延胡索10克)治疗慢性胆囊炎100例，总有效率为97％。研究表明，郁金能促进胆汁分泌和排泄，并可抑制存在于胆囊中的大部分微生物，故治疗胆囊炎有效。

(2)治疗慢性胃炎 用佛手郁金汤(佛手15克，郁金15克，黄连8克，半夏9克，木香12克，陈皮12克，白芷8克，白术12克，蒲公英30克，炒白芍18克，乌贼骨15克)治疗慢性浅表性胃炎68例，结果临床治愈42例、显效14例、有效8例、无效4例。总有效率为94.1％。

(3)治疗脑血管病 采用醒脑净注射液(牛黄、郁金、麝香、黄芩等)治疗脑血管昏迷140例,结果显效84例、有效48例、无效8例,总有效率94.3%。

(四)栽培现状与发展前景

1. 栽培现状　郁金商品主要来源于栽培,也有部分野生资源。20世纪50年代郁金产不足销,供应偏紧。1957年全国收购近30万千克,其中四川黄郁金23万千克。60年代,由于3年自然灾害,农业减产,种植郁金与粮食用地产生矛盾,而且收购价格又偏低,生产下降。1960年郁金收购25万千克,比1957年下降20%,而销售却呈上升趋势,产销差距较大,市场供应较长时期没有缓解。在此期间,国家为了缓解粮药争地的矛盾,于1961～1965年对郁金实行奖售粮食政策,以扶持生产。70年代后,随着整个国民经济的好转,特别是农村生产责任制的实行,粮药矛盾和农民温饱问题得到解决,郁金生产迅速发展。1983年收购278万千克,销售近180万千克,分别比1978年增长94%和50%,购销两旺,均创历史最好水平。80年代以后,随着市场的开放搞活,广东、福建、广西等地郁金生产一度猛增。1984年全国郁金产量达到300万千克,超过正常需要。但是,地道品种四川黄郁金只有39万千克,浙江温郁金只有23万千克,1985年之后继续下降。目前,郁金产不足销的问题主要表现在川郁金和温郁金上。郁金的正常年销售量约4 000吨到4 500吨,2009年产新前各药库存约1 600吨,加上新货及进口货共3 600吨左右。虽然价格高影响了销量,但目前的社会库存已几乎消耗殆尽。据调查,2010年郁金产地的经营户已于7月份全部销售完毕,而玉林市场的经营大户手上的存货已所剩无几。2010年的郁金种植受天灾影响很大,下种时碰上百年不遇的西南大旱,到5、6月份又水灾连连,致使当年的植株普遍生长不好。据产地部分因高价而提前开挖的农民反映,当年郁金比往年减少,个头比往年偏小,烂果十分严重,减产已是不可避免。

2. 发展前景 现代研究表明郁金在保肝利胆、抗肿瘤及降血脂方面有着突出作用，极有希望开发成为有效防止血管粥样硬化的新治疗剂和新型的利胆保肝药物及抗癌药物。据资料报道，目前已有以郁金作为原料开发而成的抗癌新制剂榄香烯乳注射液和治疗心绞痛、高血脂及动脉硬化的心舒宝片等相继面世。因此，随着对郁金化学成分和药理作用研究的不断深入，其将在医药领域发挥越来越重要的作用。

二、栽培技术

(一)植物形态特征

郁金株高1米(图9-1)，根茎肉质，肥大，椭圆形或长椭圆形，黄色，芳香；根端膨大呈纺锤状。叶基生，叶片长圆形，长30～60厘米，宽10～20厘米，顶端具细尾尖，基部渐狭，叶面无毛，叶背无毛；叶柄约与叶片等长。花葶单独由根茎抽出，与叶同时发出或先叶而出，穗状花序圆柱形，长约15厘米，直径约8厘米，有花的苞片淡绿色，卵形，长4～5厘米，上部无花的苞片较狭，长圆形，白色而染淡红，顶端常具小尖头，被毛；花萼被疏柔毛，长0.8～1.5厘米，顶端3裂；花冠管漏斗形，长2.3～2.5厘米，喉部被毛，裂片长圆形，长1.5厘米，纯白色而不染红，后方的一片较大，顶端具小尖头，被毛；侧生退化雄蕊

图9-1 郁 金

淡黄色，倒卵状长圆形，长约1.5厘米；唇瓣黄色，倒卵形，长2.5厘米，顶微2裂；子房被长柔毛。花期4～5月。

(二)生态生物学特性

1. 生态环境要求

(1)温度　郁金是一种喜温作物，对温度的反应比较敏感。在不同的生长发育时期，郁金对温度的要求不同。温度对郁金的影响主要通过气温和地温的变化。气温和地温分别影响郁金地上部分叶、地下部分根系、块茎的生长，郁金叶的生长需要较高的气温。当气温在12℃以上时，叶缓慢生长；当气温在20℃以上时，叶生长速度加快。郁金叶生长的适宜温度为20℃～28℃。当气温高于35℃或低于10℃时，叶生长缓慢或停止生长。郁金发芽期适宜地温为15℃～20℃；郁金块茎生长期和膨大期的适宜地温为20℃～30℃；休眠期要求低温，以地温0℃～3℃最为适宜。

(2)水分　空气湿度和土壤水分都能直接影响植物的生长、发育。水是郁金生长必不可少的因素，在郁金的生命活动中起着重要的作用。在不同的生长发育时期，郁金对水分的需求不同。在发根发芽期和苗期(4～5月份)，郁金植株较小，对水分的需求总量不大。但是，由于这个时期郁金的根系没有完全形成，对水分的反应比较敏感。植株生长盛期为叶丛期(6～8月份)，此时，郁金生命活动旺盛，叶片生长迅速，分棵大量发生，叶面积不断增大，蒸腾作用强度加大，失水多；地下块茎的迅速增长和膨大也需要大量的水分。因此，叶丛期是郁金一生中需水最多的时期，总需水量约占全年需水量的60%以上。雨水较多，应排水防涝。根茎膨大期与干物质积累期为9～11月份。在郁金块茎形成和生长的整个过程中，土壤水分过多对块茎的生长不利。在块茎成熟期，土壤水分过多或淹水条件下，土壤中空气减少，块茎受渍，轻则降低块茎产量，影响品质，严重时造成块茎腐烂。因此，在郁金播种之前，应挖好田间沟渠，大雨过后及时排除田间积水，以降低土壤含水量。

郁金主要由根系吸收水分，通过叶片上的气孔等蒸腾水分，在一定的限度内吸收和消耗的水分可以保持平衡。虽然郁金的需水量比较大，但郁金的根系分布广，块茎根随块茎的伸长而分布于土壤深层，吸收土壤深层水分。因此，郁金是比较耐旱的作物。

(3)光照　郁金是一种短日照植物，原产在热带和亚热带地区山坡的灌木林中，生长期间比较耐阴，无论在自然光照条件下还是在弱光的阴天均能正常生长。但是，在栽培条件下，即适宜的温度和充足的光照条件下郁金生长迅速，碳水化合物的积累比较多，其产量也比较高。在我国南方和西南方地区，郁金生长季节的自然光照强度均能满足郁金生长的需要。

(4)土壤　郁金块茎生长在地下，对土壤质地要求比较严格。郁金能够在多种土壤类型上生长，但在黏土上种植，块茎须根多，根痕大，表皮颜色暗，不光滑，易生扁头和分叉，不如沙土或壤土上栽培的质量好。郁金适宜在排水良好、土质疏松、肥沃、土层深厚、有机质含量高的沙土或沙壤土中栽培。在这样的土壤中栽培的郁金块茎表皮光滑整齐、须根少，品质较好。因此，应尽量选择在沙土或壤土上栽培。

郁金对土壤酸碱度的适应性较强，在 pH 值 5.0～10.0 的范围内都能生长，pH 值在 6.5～8.0 的范围内，土壤有效养分较多，郁金生长最好。

2. 生长发育特性　郁金年生长周期约 250 天，一般 4 月上旬(清明前后)种植，12 月中上旬收获。生产中，多采用根茎无性繁殖的方式进行栽种。结合郁金自身生长发育特点，将其生长发育过程分为 5 个时期，即：发根发芽期、苗期、叶丛期、根茎膨大期和干物质积累期。郁金栽种到出苗这段时间称为发根发芽期，历时 30 天左右。此阶段，种茎陆续有须根及芽的产生，少量的芽会突破土壤，长出小苗。郁金下种 30 天左右开始出苗，从出苗到根系发育基本完成的这段时间称为苗期，历时 40 天左右。苗期主要以新叶的伸展,根系的发生与发育为生长中心,根系的发育初步完善。出苗时间持续 20 天左右,随后进入齐苗期;齐苗期后,马上进入了花期,温郁金开花很少,只有少部分开花;在进入花期的同时,其叶子也随着生长,即花期和展叶期是同时开始。6 月 15 日至 9 月 5 日的这段时间为叶丛期,历时 80 天左右。叶丛期郁金发育主要表现为叶的迅速生长，叶片数增多，期末叶片基本生长完全，平均每株有 8 片叶。在此过程，根系继续生长，陆续有小苗抽出地面，生长发育成小秆茎，末期平均每株有秆茎 4～5 个，其地下根茎也已形成。9 月 5 日至 10 月 25 日为根茎膨大期，历时 50 天左右。根茎膨大期主要表现为地下的根茎迅速膨大加粗，体积明显增大,干物质积累仍不多;主根茎附有大量的小突起产生,并继续生长发育,此部分称之为姜黄,是加工成片姜黄的原药材;贮藏根也已开始形成,表现为先端形成膨大的块根郁金。9 月末,根茎发育基本完成。10 月上旬地上部分生长到达顶峰,单株最高可达 188 厘米,期末叶子开始慢慢枯萎,其生长转移到植株的地下部分。从 10 月 25 日至 12 月 15 日左右为干物质积累期,历时 50 天左右。干物质积累期郁金叶子逐渐枯死,地上部分基本停止生长,光合产物主要积累在地下部分,根茎干物质积累的速率不断的加快,干物质积累量明显增加。11 月下旬叶子基本枯死,地上部分生长基本停止,地下部分的生长则达到了顶峰,根茎干物质几乎不再积累。12 月中旬为郁金的最佳收获期。

(三)繁育方法

1. 播前准备　选地与整地:宜选择气候温暖、阳光充足、雨量充沛、土壤肥沃、土层深厚、土质疏松、排水良好的沿江平原、河坝滩地及丘陵缓坡地带的冲积土或沙质壤土,中性或微酸性土壤。3 月底至 4 月初整地。将土地深翻 20～25 厘米,耙细,拌适量腐熟的栏肥作基肥,筑畦种单行,畦基部宽 90～100 厘米,高 30～35 厘米,畦面渐狭至宽 30～35 厘米。

2. 繁殖方法 采用根茎繁殖，选当年生长健壮、无病虫害的母株留种。通常在收挖时选择种姜。在四川省主产区自冬至后至立春前后收挖。收挖时，在挖出的根茎中，选择肥大、体实而无病虫害的作种。产区习惯把其根茎分成老头、大头、二头、三头、奶头和小头6类。老头即母种第一次生出来的根茎，大头是生在老头上的根茎，二头是生长在大头上的根茎，三头是生长于二头上的根茎，奶头、小头依此类推。留种考虑经济成本因素，在冬至前后挖起，一般选健壮、粗短而芽饱满的二头、三头作种，子姜愈短愈能节约用种量。

选好的种茎应去掉须根，平铺在通风的泥地上，高30～35厘米，下垫黄沙，上盖摘下的细须根，再密覆泥沙，待翌年春分开始发芽，剔除有病的种茎于清明前后下种。具体品种及种姜不同其播期各异：郁金在4月下旬下种，子姜应比母姜早栽3～5天；姜黄的收获物为根茎，其栽种比郁金早，在4月初栽种最好，其中芽姜应比子姜早栽10天左右。采用穴栽，按株行距24～30厘米×30～60厘米，穴深6厘米以上开穴，口大底平，穴应交错排列。栽种前取出上1年贮存的种姜，除去须根，把母姜与子姜分开，以便分期播种，母姜可纵切成小块，较大的子姜横切为小块，每块种姜上带壮芽1～2个，每穴放入种姜3～5个，芽子向上；栽3个的放成品字形，4个的放成四方形，5个者放成梅花形。放种时种姜与土壤密接，栽后覆盖细土，厚3厘米左右。

在玉米地中套种郁金。玉米在清明前，按株行距90厘米×120厘米开穴播种。夏至前后，再在行间套种郁金，一般2行玉米间种郁金4行；2穴玉米之间可种3窝郁金。

(四)田间管理

1. 中耕除草 通常3次，与追肥结合进行。第一次在立秋前后，这时间种的玉米已收获，郁金苗高5～10厘米。如土壤疏松，可以扯草而不松土；如表土板结，则应浅锄。此后，每隔半月，即处暑前后与白露前后，各中耕除草1次。如不间种玉米，在7月上、中旬郁金出苗之后，还应当扯草1～2次，以利幼苗生长，由于郁金栽种不深，而且根茎横走，故中耕宜浅，只浅锄表土3～4厘米。

2. 施肥　郁金生长期不长，需要追施充足的速效肥料，才能提高产量。但应适当控制氮肥施用量，否则茎叶徒长，块根不多。块根的生长和充实，主要在秋分以后，故最后一次追肥以处暑前后为宜，不要迟过秋分。一般都在中耕除草后施追肥。第一次于5月下旬至6月上旬齐苗后施人粪尿或硫酸铵；第二次于7月下旬施人粪尿和过磷酸钙，每次每667米^{2}用人畜粪水1 500～2 000千克，加水2倍稀释，于早晨或傍晚土温较低时施下。第三次于8月下旬，每667米^{2}用腐熟油饼粉50～75千克，火灰100千克，加少量人畜粪水拌和均匀，施于植株基部地面，每次施肥后培土。

3. 灌溉　7～8月份气温很高，如土壤水分不足，则幼苗生长不良，甚至枯死。如久不下雨，应在早晨或傍晚用水浇淋(水内掺少量人畜粪水)，使土壤保持湿润。灌溉宜在早晨或傍晚进行。

(五)病虫害防治

1. 病　害

(1)黑斑病　由一种真菌引起，病害初发生在5月下旬，6～8月较重，受病叶产生椭圆形向背面稍凹陷的淡灰色的病斑，有时产生同心轮纹，大小直径为3～10毫米，引起叶子枯焦。

【防治方法】　在冬季清除病残叶烧毁；喷1∶1∶100的波尔多液或65%代森锌可湿性粉剂400～800倍液防治。

(2)枯萎病　郁金枯萎病早期多表现为受害叶片的叶尖、基部、中部、半边叶出现干枯萎黄，逐渐至全叶萎黄。初为黄绿色，后变黄，最后呈现灰白色。病、健部分界明显，有时病部枯萎下垂。郁金枯萎病为生理与病理的混合性病害。多发生在炎热的夏季，尤其是在郁金植株幼苗期，由于叶片柔嫩，在阳光强烈而土壤干旱缺水的情况下，发生更加普遍，危害也更严重。

【防治方法】 增施有机肥,配施磷、钾肥,促进植株健壮生长,提高抗逆能力。干旱严重、土壤普遍缺水时应及时浇水或叶面喷水,以控制病情发生。药剂防治:可选用50%甲基托布津可湿性粉剂1 000倍稀释液,或70%代森锰锌可湿性粉剂600倍稀释液,或75%百菌清可湿性粉剂600倍稀释液喷雾防治。每7～10天喷1次,连续喷药3～5次。

(3)日灼病 早期多表现为受害叶片的叶尖、叶缘出现干枯黄色斑点或黄色斑片,有时向阳的叶片中央也会出现类似枯斑,初为红色,后变黄,最后呈现灰白色。病、健部分界不明显,有时病部枯萎下垂。郁金日灼病为生理与病理的混合性病害。多发生在炎热的夏季,尤其是在郁金植株幼苗期,由于叶片柔嫩,在阳光强烈而土壤干旱缺水的情况下,发生更加普遍,危害也更严重。

【防治方法】 增施有机肥,配施磷、钾肥,促进植株健壮生长,提高抗逆能力。干旱严重、土壤普遍缺水时应及时浇水或叶面喷水,以控制病情发生。药剂防治:可选用50%甲基托布津可湿性粉剂1 000倍稀释液,或70%代森锰锌可湿性粉剂600倍稀释液,或75%百菌清可湿性粉剂600倍稀释液喷雾防治。每7～10天喷1次,连续喷药3～5次。

2. 虫 害

(1)根结线虫 7～11月份发生,为害须根形成根结,药农称为"猫爪爪",严重者地下块根无收。被害初期,叶心褪绿失色,中期叶片由下而上逐渐变黄,边缘焦枯,后期严重者则提前倒苗,药农称为"地火"。主产区姜黄发病率为40%,郁金60%。

【防治方法】 实行1～2年轮作,不与茄子、辣椒等蔬菜间作;选择健壮无病虫根茎作种;加强田间管理,增施磷钾肥;也可用1.8%阿维菌素1 000～1 200倍液浇灌。20天后再补灌一次,防效可达80%以上。

(2)斜纹夜蛾 斜纹夜蛾是一种间隙性暴发的暴食性害虫,食性极杂,寄生范围极广,1 年可发生 4～9 代不等,寿命 5～15 天。平均每头雌蛾产卵 400～700 粒,卵多产于植株中、下部叶片背面,多数多层排列,卵块上覆盖棕黄色绒毛。初孵幼虫在卵块附近昼夜取食叶肉,留下叶片的表皮,将叶片取食成不规则的透明白斑。遇惊扰后四处爬散或吐丝下咐,或假死落地。成虫昼伏夜出,飞翔力强,白天躲藏在植株茂密的叶丛中或土壤缝中潜伏,多数在傍晚后出来为害,黎明前又躲回阴暗处。成虫食量骤增,取食叶片成小孔或缺刻,严重时吃光叶片并为害幼嫩茎秆,或取食植株生长点。在田间虫口密度过高时,幼虫有成群迁移习性。斜纹夜蛾属喜温性害虫,抗寒力弱。发生为害的最适气候条件为温度 28℃～32℃,空气相对湿度 75%～85%,土壤含水量 20%～30%,一般于 7～9 月份严重为害郁金。

【防治方法】　根据幼虫为害习性,防治适期应掌握在卵孵高峰至 3 龄幼虫分散前,一般选择在傍晚太阳下山后施药,用足药液量,均匀喷洒叶面及叶背,使药剂能直接喷到虫体和食物上,触杀、胃毒并进,增强毒杀效果,是提高防治效果的关键技术措施。在卵孵高峰期可用 50%马拉硫磷乳油 1 500～2 000 倍液喷雾防治。在低龄幼虫始盛期可选用 40%辛硫磷乳油 1 000 倍液喷雾防治。

(3)卷叶虫　1 年发生 5～6 代。在郁金生长前期为害,对产量影响不大。而在郁金发棵期为害,则破坏功能叶,造成减产。因此,应重点抓住郁金发棵期的防治工作。看发育进度定用药适期,郁金纵卷叶螟幼虫在 3 龄前对郁金为害不大,也容易被杀死。3 龄以后食量猛增,抗药力增强。因此,防治郁金纵卷叶螟用药适期应在 3 龄幼虫前,严重发生的要在幼虫孵化高峰至 1 龄高峰期用药,一般发生的可在二三龄期用药。试验证明,用药防治适期是在发蛾高峰后 10 天左右,具体是当各代有少量蛾子出现时,开始田间赶蛾,每天赶 1 次,查到田间蛾量基本不增加为止,以蛾量最多的 1 天为发蛾高峰日。

【防治方法】 防治郁金纵卷叶螟一般采用药剂喷雾法，许多农民为了节省劳力和时间，往往每 667 米^2 的郁金只喷 1 桶水，虽然用足了药量，但由于对水量少，喷雾不均匀，药液不到位，防治效果差，且易造成药害和农药中毒现象。防治郁金纵卷叶螟效果比较好的药剂及每 667 米^2 用量为 18%杀虫双水剂 500 毫升加 20%三唑磷乳油 100～150 克，或 480 克/升乐斯本乳油 0.75～1.125 升/公顷等喷雾防治。

三、采收、加工、包装、贮藏与运输

(一)采收与加工

1. 采收 冬至后，茎叶逐渐枯萎，块根已生长充实，即可收获；一直到立春前后，还可收挖。收挖不可过早，过早则块根不充实，干燥率低，影响产量；也不可迟到雨水节气，因到雨水时，块根水分增加，干燥容易起泡，降低产品质量，同时也不易晾晒。收时用长锄深挖，挖至 50～60 厘米，将地下部全部挖起，取出整个地下部分，抖掉泥土，摘下块根，摘时略带须根，否则加工时容易腐烂。因块根入土较深，要勤加翻拣，不使块根遗留土中，故收挖工作要细致。

2. 加工 收获的根茎，除留种者外，黄丝姜和绿丝姜可以加工为姜黄或文术供药用，黄白丝姜一般不作药用。将收获的鲜根块放入篾蔸，置流水中淘洗洁净后，块根放置锅内，加适量清水或已煮过的原汁煮约 2 小时，拣较大的一颗折断，用指甲掐其内心无响声，或略粉质为熟透。滤去水液摊放竹帘上晒干，不能烘烤。若遇阴雨天，将块根用草木灰混拌，每 100 千克加草木灰 10 千克，使块根不发黏、不出水、不霉烂。干燥过程中要经常翻动。翻堆时勿使其皮层破损，影响药品规格。片姜黄：鲜侧生根茎纵切厚片(厚约 0.7 厘米)晒干，筛去末屑即成。加工时须拣去去年作种的老根茎，不能入药。每 667 米^2 干燥郁金产量，通常 75～100 千克。黄丝郁金干燥率最高，黄白郁金稍次，绿丝郁金最低。

(二)包装、贮藏与运输

1. 包装　郁金、莪术、片姜黄应分开包装、贮藏。包装材料必须符合国家相关规定的要求，可选用麻袋、无毒乙烯袋、纸箱、纸盒等，但必须清洁卫生，禁止使用装过农药、化肥及被污染的包装物。包装前应再次检查产品是否已充分干燥，并清除劣质品及异物。包装要牢固、密封、防潮，能保护品质。每件包装上应注明品名、规格、产品、批号、包装日期、生产单位，并附有质量合格标志。

2. 贮藏　包装好的药材存放于仓库中，仓库要求清洁无异味，远离有毒、有异味、有污染的物品，通风、干燥、避光、无直射光、配有除湿装置，并具有防鼠、虫、禽畜的措施。放置药材的货架应与墙壁保持足够的距离，防止虫蛀、霉变、腐烂、泛油等现象发生，并定期检查，发现变质，及时剔除。特别注意的是3个不同药材要分开放置，并有明显的隔离线。

3. 运输　运输工具必须清洁卫生、干燥、无异味，不应与有毒、有异味、有污染的物品混装混运。运输途中应防雨、防潮、防暴晒。

四、质量要求与商品规格

(一)质量要求

以个大，长圆形或卵圆形，表面灰褐色或灰棕色，断面灰棕色，气香者为佳，具体要求应符合《中华人民共和国药典》2010年版一部郁金项下规定。

(二)商品规格

据国家医药管理局、中华人民共和国卫生部制定的药材商品规格标准，川郁金分为2个品别，各2个等级(表9-1)。

表 9-1 郁金药材商品规格标准

品名	等级		标准
川郁金	黄丝	一等	干货。呈类卵圆形。表面灰黄色或灰棕色，皮细，略现细皱纹。质坚实，断面角质状，有光泽，外层黄色。内心金黄色有姜气，味辛香。每千克 600 粒以内，剪净残蒂。无刀口、破瓣，无杂质、虫蛀、霉变
		二等	干货。呈类卵圆形。表面灰黄色或灰棕色，皮细，略现细皱纹。质坚实，断面角质状，有光泽，外层黄色。内心金黄色有姜气，味辛香。每千克 600 粒以外，直径不小于 0.5 厘米。间有刀口、破瓣，无杂质、虫蛀、霉变
	绿白丝	一等	干货。呈纺锤形、卵圆形或长椭圆形。表面灰黄或灰白色，有较细的皱纹。质坚实而稍松脆。断面角质状，淡黄白色。微有姜气，味辛苦。每千克 600 粒以内，剪净残蒂。无刀口、破瓣，无杂质、虫蛀、霉变
		二等	干货。呈纺锤形、卵圆形或长椭圆形。表面灰黄或灰白色，有较细的皱纹。质坚实而稍松脆，断面角质状，淡黄白色。略有姜气，味辛苦。每千克 600 粒以外，直径不小于 0.5 厘米。间有刀口、破瓣，无杂质、虫蛀、霉变
桂郁金	统货		干货。呈纺锤形或不规则的弯曲形，体坚实。表面灰白色，断面淡白或黄白色，角质发亮，略有姜气，味辛苦。大小不分，但直径不得小于 0.6 厘米。无杂质、虫蛀、霉变

注：根据各产区品种不同形色有异的特点，划分为 2 个品别

第十章　龙胆规范化生产技术

一、概　述

(一)植物来源、药用部位与药用历史

龙胆又名草龙胆、龙胆草,为龙胆科龙胆属植物条叶龙胆、龙胆、三花龙胆或坚龙胆。2010年版《中华人民共和国药典》收载。其中条叶龙胆、龙胆和三花龙胆在药材市场上统称为“关龙胆”或“北龙胆”,为东北地道药材;坚龙胆又称为“南龙胆”或“滇龙胆”,为云南地道药材。本书只介绍南龙胆的生产技术。

药用部位:以干燥的根和根茎入药。

龙胆始载于《神农本草经》,列为中品。《本草纲目》记载:“主治骨间寒热,惊痫邪气,续绝伤,定五脏杀蛊毒,疗咽喉肿痛风热盗汗。相火寄在肝胆,有泻无补,故龙胆之益肝胆之气,正以其能泻肝胆之邪热也。但大苦大寒,过服恐伤胃中生发之气,反助火邪”。《药品化义》:“胆草专泻肝胆之火,主治目痛颈痛,两胁疼痛,惊痫邪气,小儿疳积,凡属肝经热邪为患,用之神妙。其气味厚重而沉下,善清下焦湿热,若囊痈、便毒、下疳,及小便涩滞,男子阳挺肿胀,或光亮出脓,或茎中痒痛,女人阴癃作痛,或发痒生疮,以此入龙胆泻肝汤治之,皆苦寒胜热之力也。亦能除胃热,平蛔虫,盖蛔得苦即安耳”。《医学衷中参西录》:“龙胆草,味苦微酸,为胃家正药。其苦也,能降胃气,坚胃质;其酸也,能补益胃中酸汁,消化饮食。凡胃热气逆,胃汁短少,不能食者,服之可以开胃进食。微酸属木,故又能入肝胆,滋肝血,益胆汁,降肝胆之热使不上炎,举凡目疾、吐血、衄血、二便下血、惊痫、眩晕,因肝胆有热而致病者,

皆能愈之。其泻肝胆实热之力，数倍于芍药，而以敛辑肝胆虚热，固不如芍药也”。首次提出龙胆味微酸，入肝经，不仅能清泻肝胆邪热，还具养肝护肝的功效。

上述表明，医书对龙胆的认识基本趋于全面。随着研究的深入，其功效不断被发现，适应症越来越广泛；在国际上龙胆亦为天然药，被收载为苦味健胃药。

（二）资源分布与主产区

坚龙胆主要分布于云南保山、文山、大理、楚雄、昭通、曲靖、临沧，贵州遵义、正安、惠水、习水、凯里、水城，四川木里、布拖、冕宁、盐源、喜德、甘洛，以及广西、湖南等地。

（三）化学成分、药理作用、功能主治与临床应用

1. 化学成分　龙胆的药用成分主要集中在根及根茎部，迄今为止，国内外学者已从龙胆中分离出多种裂环烯醚萜苷类，是龙胆的主要成分；多糖类成分，如龙胆三糖；生物碱类成分，如龙胆碱、龙胆次碱、龙胆胺、龙胆黄碱、6β-反式异龙胆卢庭、6α-顺式欧龙胆碱、秦艽胆碱，氨基酸。其中，苦苷类有龙胆苦苷、当药苦苷、当药苷；酯苷类有苦龙胆酯苷、苦当药酯苷，三花苷、粗糙苷、苦潘宁；苷元有当药苷元等，为水解处理产物。对龙胆地上部分的乙醇提取物分离出了β-香树脂醇、β-谷甾醇、β-香树脂醇乙酸酯、乌苏醇、齐墩果酸和6-去甲氧基-7甲基-茵陈色原酮等成分，此外，亦含有多种无机成分，如钙、铁、锌、锰、铜、铬、铅、镉等。

2. 药理作用　现代药理研究证明，龙胆苦苷具有显著的肝脏保护、抗炎、抗病原微生物、兴奋中枢神经及健胃利胆等作用，与中医对龙胆的应用基本上一致。可见，龙胆苦苷是中药龙胆的主要有效成分，应作为评价龙胆质量的首要指标。

（1）对肝脏的作用　龙胆水提液具有明显的保肝作用。龙胆水提液对四氯化碳、硫代乙酰胺迟发型变态反应所致小鼠肝损伤，有降低SGPT和SGOT的作用。

(2)对中枢神经系统的作用　龙胆碱对小鼠中枢神经系统起兴奋作用,但较大剂量时则出现麻醉作用。

(3)对消化系统的作用　龙胆在国内广泛应用于苦味健胃药。龙胆苦苷直接灌入胃,可见胃液及游离酸分泌增加。

(4)抗菌作用　经试管法证明龙胆煎剂对绿脓杆菌、变形杆菌、伤寒杆菌、痢疾杆菌、金黄色葡萄球菌等有不同程度的抑制作用。

(5)龙胆有降压作用　龙胆酊剂静注可使兔血压下降,龙胆碱能使猫、豚鼠、家兔及犬的血压下降,但降压作用持续时间短,降压作用可能与其对心肌的抑制有关。

(6)毒副作用　赵志祥等发现龙胆水煎剂含龙胆苦苷、龙胆宁碱,大剂量可抑制胃肠蠕动,使肠麻痹状态高级神经中枢受到抑制,出现四肢瘫痪。

3. 功能主治与临床应用　龙胆性寒、味苦,泻肝胆实火,除下焦湿热。治肝经热盛,惊痫狂躁,乙型脑炎,头痛,目赤,咽痛,黄疸,热痢,痈肿疮疡,阴囊肿痛,阴部湿痒。用于湿热黄疸、阴肿阴痒、带下、湿疹瘙痒、耳聋、胁痛、口苦、惊风抽搐。龙胆苦苷口服能刺激味觉感受器,通过反射促进胃液分泌。龙胆碱腹腔注射或灌胃,有抑制中枢作用。龙胆泻肝汤在临床上应用最为广泛,有泻肝胆实火和清利肝经湿热功效。随着临床研究的深入,龙胆应用面不断地扩大,主要有以下几个方面:

(1)治疗肝胆疾病　龙胆泻肝汤是中医临床治疗肝胆疾病的重要方剂,王琦用龙胆泻肝汤加减治疗传染性肝炎 40 余例,均取得了较好效果。

(2)治疗高血压病　用龙胆泻肝汤加减治疗高血压 36 例有效率达 88.89% 。以本方治疗证属肝热上扰高血压患者 12 例均获痊愈。

(3)治疗急性肾盂肾炎　对于湿热蕴于下焦所致肾盂肾炎,用龙胆泻肝汤，治疗15例，均获痊愈。治疗急性膀胱炎、尿血等尿路感染，也获疗效。

(4)治疗皮肤病　以龙胆草为主药，治疗脂溢性皮炎、痤疮；带状疱疹、单纯疱疹；阴囊湿疹、下肢丹毒均取得了满意的疗效。运用龙胆清肤汤治疗急性湿疹、接触性皮炎、带状疱疹、龟头炎等皮肤病120例，总有效率达100%。

(5)治疗急性咽炎　藏药十味龙胆花颗粒采用青藏龙胆，具有疏风清热，解毒利咽，止咳化痰作用。

(6)治疗慢性支气管炎　应用十味龙胆花颗粒治疗慢性支气管炎急性发作期60例，取得了较好疗效。

(7)治疗上呼吸道感染　应用十味龙胆花颗粒治疗上呼吸道感染93例，总有效率达91.7%。

(四)龙胆的栽培现状与发展前景

1. 栽培现状　20世纪90年代之前，国内外医药市场上所需要的龙胆完全是野生品。在1998年，云南临沧、云县开始了滇龙胆资源的收集，并开始尝试人工驯化种植龙胆草的科普试验，进行不同海拔、不同区域、不同种植方式的种植实验和示范，对龙胆草种植模式做了积极的探索。于2001年建立了第一代母本繁育基地，自2003年起，利用种子直接撒播、采挖野生苗移栽、扦插繁殖三种方式对比试验，逐步积累了种子物化处理、林药间种经验，建立了第二代母本繁育基地，基本解决了滇龙胆人工种植的种苗问题。2004年获得试验示范成功后，在茶房乡黑树林村、漫湾镇核桃林村、大寨镇的箐门口等十几个村，通过不同种植方法、不同区域的林药间种进行示范推广，为规模化种植打下了坚实的基础。2005年以后，云县龙胆草种植进入了新的发展阶段，形成了规模化人工种植格局。到2008年，云县基本完成了第一阶段种植规模形成的过程。2009年云县又开始了提质增效的探索实验。2009年8月20日楚雄耀阳实业有限公司与云县中草药种植联合会签订了龙胆草开发加工合作协议，实行会企合作，实施“三个一百”工程，实现工业反哺农业，共同建立云南省中药材交易市场，做好龙胆草认证、扶持种植户规范化种植。

2. 发展前景　在国际上随着人们对中草药认识的提高，中草药也越来越受到人们的重视和关注。目前已有124个国家设有各类专门的中医药机构，销售收入达300亿美元，年增长幅度为10%，仅龙胆草一项日本每年就需进口10万吨。据有关专家预测，今后十年龙胆草等南药供应难以满足市场需求。发展龙胆草种植具有广阔市场空间。

龙胆草属大宗常用中药材，过去三十几年一直列入国家和省管理的统配品种。为长期供不应求和大量收购的品种。近年来，由于乱垦、乱牧及乱采挖使龙胆的野生资源遭到严重破坏，年总产量连年下降，从20世纪50年代的20万千克，下降到目前不足1万千克，现在全国市场上很难见到大批量的货源，大有越挖越少，越挖越小，濒临绝种的危险趋势。这也造成了中药材龙胆的价格居高不下，常出现市场缺货现象。龙胆草于1989年被列入国家重点发展的野生中药材保护品种，因此人工种植龙胆草前景十分广阔。

回顾历史，南龙胆草价格为：2001年16～17元（指每千克，下同）；2003年20～23元；2006年33～36元左右。而2006年过后直至今日，南龙胆草价格总趋势以升为主。目前南龙胆草把草的价格因规格不等一般为24～38元，统货散草的价格因规格不等一般为38～50元，如果是剪去出土部分的茎秆或无芦头的纯根条精品货，当前市场上更是达到了65～73元。南龙胆草产地新货批量上市，行情稳中有落，产地统货价格36～38元；市场暂无新货，陈货稳定在45元左右，随新货陆续上市，行情难以稳定。

龙胆的较高药用价值和独特的疗效以及用途的拓宽，为国内外医药市场所青睐。我国许多大型制药集团（厂）以龙胆为主要原料开发了大量的新药、特药和中成药，约有 200 余个品种，如龙胆泻肝丸、龙胆碳酸氢钠片、龙胆片、龙胆酊、龙胆合剂、龙胆浸膏、龙胆苏打片、龙胆泻肝片及龙胆化癌丹等系列药。这些新产品和中成药投入市场后已成为抢手俏货。据有关媒体报道，由于国内外医药市场和港澳台市场开发新药及医疗用量所需龙胆在逐年增加，每年递增 10%左右，国内外市场对龙胆的需求量 2000 年为 1 200～1 500 吨。2002～2003 年增加至 1 600～1 800 吨，2004 年再增至 2 000 吨左右，2005 年增至 2 200～2 400 吨。据有关部门公布的野生与家种龙胆产量为：2000 年 1 000～1 200 吨，2002～2003 年下降至 1 000 吨左右，2004～2005 年再降至 800 吨左右，产量的短缺导致 2005～2006 年市场缺口 1 500 吨左右。随着产量的变化，龙胆价格在近十几年内，起伏不大，一直稳定在 30 元/千克左右，只有在最近两年价格出现过较大的起伏。龙胆草生产周期 3～5 年，全国各地少有库存，目前全国总产量增幅不大，依然是产不足需，缺口加大，龙胆草价格仍有上行空间，提醒业界同行密切关注其行情发展，抓住商机，创造最佳效益。

二、栽培技术

(一)植物形态特征

龙胆又名滇龙胆草、坚龙胆、南龙胆，为多年生草本，高 30～50 厘米(图 10-1)。须根肉质。主根粗壮，发达，有分枝。花枝多数，丛生，直立，坚硬，基部木质化，上部草质，紫色或黄绿色，中空，近圆形，幼时具乳突，老时光滑。无莲座状叶丛；茎生叶多对，下部 2～4 对小，鳞片形，其余叶卵状矩圆形、倒卵形或卵形，长 1.2～4.5 厘米，宽 0.7～2.2 厘米，先端钝圆，基部楔形，边缘略外卷，有乳突或光滑，上面深绿色，下面黄绿色，叶脉 1～3 条，在下面突起，叶柄边缘具乳突，长 5～8 毫米。花多数，簇生枝端呈头状，稀腋生或簇生小枝顶端，被包围于最上部的苞叶状的叶丛中；无花梗；花萼倒锥形，长10～12毫米，萼筒膜质，全缘不开裂，裂片绿色，不整齐，2个大，倒卵状矩圆形或矩圆形，长5～8毫米，先端钝，具小尖头，基部狭缩成爪，中脉明显，3个小，线形或披针形，长2～3.5毫米，先端渐尖，具小尖头，基部不狭缩；花冠蓝紫色或蓝色，冠檐具多数深蓝色斑点，漏斗形或钟形，长2.5～3厘米，裂片宽三角形，长5～5.5毫米，先端具尾尖，全缘或下部边缘有细齿，褶偏斜，三角形，长1～1.5毫米，先端钝，全缘；雄蕊着生冠筒下部，整齐，花丝线状钻形，长14～16毫米，花药矩圆形，长2.5～3毫米；子房线状披针形，长11～13毫米，两端渐狭，柄长8～10毫米，花柱线形，连柱头长2～3毫米，柱头2裂，裂片外卷，线形。蒴果内藏，椭圆形或椭圆状披针形，长10～12毫米，先端急尖或钝，基部钝，柄长至15毫米；种子黄褐色，有光泽，矩圆形，长0.8～1毫米，表面有蜂窝状网隙。花果期8～12月份。

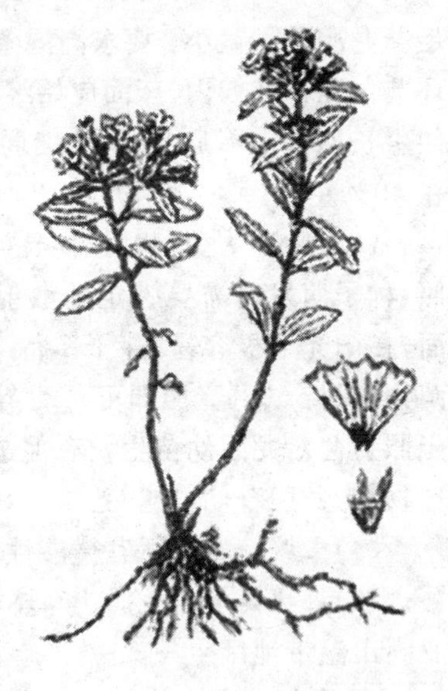

图10-1 龙 胆

(二)生态生物学特性

1. 生态环境要求

(1)温度 龙胆发芽适温为15℃～20℃，苗期适温为20℃～22℃，生长期适温为15℃～28℃，生长期夜间温度不可低于12℃，冬季温度如果在5℃以下，则叶丛呈莲座状不能开花。拔节时温度可适当高些，但超过30℃时会引起徒长。

(2)水分 龙胆生长期对水分要求不严格，但苗期水分要充足。龙胆种子微小，要求高湿条件。因此保湿是育苗的一个重要环节。在育苗期内，床面应始终保持潮湿状态，不要出现干土层。如生长期供水不足，则茎叶细弱并提早开花。土壤含水量要保持在40%左右。

(3)光照　龙胆草属弱光植物，怕强光直射。但龙胆种子需光照，种子萌发时需要一定的散射光，但播种后种子裸露于苗床表面，在阳光下极容易"芽干"，待40天左右苗出土后再逐渐撤去遮荫物，保持50%光照即可。幼苗苗龄50天后需光量增大，此时全光照射会对龙胆幼苗生长有促进作用。生长期通过种植高棵遮荫作物，为龙胆草幼苗遮荫。

(4)土壤　龙胆适宜微酸性、疏松、有机质丰富的湿润沙壤土。

(5)海拔高度　龙胆为草本植物，适宜海拔1 500～2 500米的亚高山温带地区生长。

2. 生长发育特性　龙胆草喜凉爽湿润气候，耐寒。忌强光。种子细小(千粒重24～27毫克)，适宜温度20℃～25℃，海拔1 400～1 800米，土壤湿润和弱光照射，有利于发芽。生长期需荫蔽生长，幼苗尤怕强光。栽培地以遮荫而透光的疏林地为好，选择土层深厚疏松、保水力好的腐殖土或沙壤土栽培。定植时，可选择茶树与龙胆草、玉米与龙胆草等高秆作物套种，这样既降低生产成本，又对龙胆草定植起到遮荫作用，提高移栽成活率。

龙胆果实未开裂时的腊熟种子出芽率为10%；低温(0℃±5℃)贮存可保持较高的发芽率；自然发芽率只有3%，且休眠期长，播种前必须打破休眠期。种子寿命在自然条件下可保存2年，使用时限8～18个月(发芽率在15%以上定为有实用价值的发芽率)。

种子萌发后，形成的一年生苗具主根和侧根，栽培的龙胆可达10厘米以上，直径均为2毫米。种子萌发1个月，第一对真叶生长时，胚根以较快的速度生长，形成直根系，第一年很少有不定根生长。第二年龙胆开始形成须根系，形成须根的不定根，是从根茎的节上生长的。此时主根已经死亡，由须根代替，由于生态条件不同，每年形成的须根数目也不相同，每年可由一条至六七条不等。一般每抽一个地上茎在它的同一节上的对侧可以生长一个不定根，每条根的生活年限，根据野外植株的调查为7年。根第一年生长较快，第二年直径可达2～3毫米，因它主要是延长生长，栽培的龙胆可以有须根20余条，垂直向下深入土壤中。龙胆根的颜色较深，茎部常有环状纹理，干燥后尤为明显，龙胆的根茎短而粗，并且常为直立，节间甚短，为合轴分枝，每年生长后期在根茎上都有明显的越冬芽，野生品一般为一个，栽培的龙胆在根茎内有2个或2个以上越冬芽，栽培植株的茎痕大而明显。每节可生长3～7条须根。根茎在植物学上属于茎，但由于节间较短，不定根和茎痕集中在上面，很难发现。

龙胆的茎为直立茎，常单一生长，通常不分枝，但在栽培条件下，往往会生长出许多条茎，并且茎也比较粗壮，特别是茎的上部被截断后，还可以促进下部叶腋产生新的分枝。多年生植物的茎是自根茎上的越冬芽长成为根茎。一般茎在每年的5月初萌发，6～7月份为营养生长阶段。

龙胆的叶对生。茎的基部叶小而且呈鳞片状，这些叶片是原来越冬芽鳞，向上逐渐生长而形成的，以后生长的叶片逐渐变大，为正常龙胆的叶片形状。特别是栽培了3年以后，其叶片普遍加宽，长可达7～10厘米，宽可达0.35～1.4厘米，茎部常常抱茎，而且有极短的鞘，近轴面深绿色而有光泽，远轴面苍白绿色，边缘平滑、反卷。栽培的龙胆叶片上的叶脉，往往较多，最多的可以有5条叶脉。

龙胆为聚伞花序，7月份开始出现花蕾，8月中旬到10月份都在开花。花单生或3朵簇生于茎顶或茎上部叶腋，栽培的龙胆在其分支顶端也可以生长1～3朵花。

龙胆在经过5～7月份的营养生长期后，便过渡到了生殖生长。一般在7月末至8月初开始出现花蕾，到了8月下旬开始开花，此时一般称其为始花期，其开花顺序为：主茎顶端先开花，其次为邻近叶腋中花序的顶花，接着为花序下部的花，龙胆为异花授粉植物，开花时间一般在每天6～7点开始，17～18点结束，每朵花的开放时间可以持续5～6天。当龙胆授粉后，已经授粉的雌蕊在关闭的花冠内生长，子房膨大形成果实，到了果实完全成熟时，细小而带翅的种子可随风传播。

(三)播种、育苗与移栽

1. 播前准备 做好选地与整地。龙胆虽然对土壤要求不严格，但以土层深厚、土壤疏松肥沃，含腐殖质多的壤土或沙壤土为好，平地、坡地及撂荒地均可栽培，黏土地、低洼易涝地不宜栽培。育苗地应选土质肥沃疏松、排灌方便的壤土，一般选平地或东、西向的缓坡地。移栽地应选阳光充足、排水良好的沙壤土或壤土。也可以利用阔叶林的采伐地栽植，前茬以豆科或禾本科植物为好。选地后于晚秋或早春将土地深翻30～40厘米，打碎土块，清除杂物，施充分腐熟的农家肥每667米^2 2 000～3 000千克，尽量不施用化肥及人粪尿。育苗地多做成平畦或高畦，畦面宽1～1.2米，高10～15厘米。移栽地畦面宽1～1.2米，高20～25厘米，作业道宽30～40厘米。做成宽60厘米×90厘米的平畦床，畦长因地而定，畦埂宽20厘米为好，亦可做70厘米的大垄栽培。

2. 繁殖方法 主要用种子繁殖，育苗移栽。也可以用分根繁殖和扦插繁殖。

(1)种子繁殖

①留种 选择生长健壮、无病虫害3年以上植株采种。成熟种子从蒴果先端裂口散出，因此，9月上旬应多到田间或野生地观察，当蒴果先端开裂时，即可采下，待干燥后脱出种子。自然成熟的种子约有25%为不饱满种子，因此播种前精选很重要，用40目

筛、60目筛2次精选种子。将种子装于布袋，置于干燥通风处待用。

②育苗　因龙胆种子细小，萌发时需要较高的温度和较大湿度，又是需光萌发的种子，所以直播不易成功，必须采用育苗移栽的方法。在播种前应充分灌溉，水浇足浇透，含水量以60%为好。当水分渗下后，表土层不黏时，便可开始播种。播种前应先用扫帚轻轻扫掉床面的小土块和小石块，使床土松软细碎，达到播种均匀。播种时间在4月下旬至5月上旬，目前播种方法除了用人工吹播外，主要采用液态催芽喷播法。具体方法是将催好芽的种子放入细眼喷壶中或用农用水泵将种子均匀地喷播在苗床上，播种量为每平方米0.3克，播后要覆土1毫米或不覆土，然后覆盖一层苇帘或草帘，可以起到保温、保湿和遮荫作用，有利于种子萌发和幼苗生长，待2年生以后的植株不需再覆帘，任其自然生长。龙胆草播种10天左右，2片子叶即可出齐，15天左右长出第一对真叶。60天可以长出6对真叶，第一年的幼苗没有直立茎，称为莲座期。

③移栽　在温度适宜的条件下播种后，7～10天出苗，1年生小苗除一对子叶外只长3～6对基生真叶，无明显地上茎。到10月上旬叶枯萎，越冬芽外露，苗茎粗约1～3毫米，根长达10～20厘米，可进行秋栽，也可在第二年春或秋季移栽。当年生苗秋栽较好，时间在9月下旬至10月上旬，春季移栽时间4月上、中旬，在芽尚未萌动之前进行。如果在冬眠芽未萌发之前移栽，覆土深度及行距难以控制。移栽过晚，会导致缓苗，根系不发达，抗病力弱，易发病，提前黄叶倒秧，影响开花结实。移栽时选健壮、无病、无伤的植株，起挖后可根据植株大小分级，分别栽植。在备好的畦上，从畦的一端开始，用平锹挖坡形移栽槽。1年生苗移栽行距15～20厘米，株距10～15厘米，横畦挖沟，沟深依移栽苗长短而定，每穴栽苗1～2株，芽顶低于畦面2～3厘米，盖土厚度以盖过芽苞3～4厘米为宜，一般要求每667米^2 60 000～80 000株；2年生苗移

栽行距25～30厘米，每667米^{2}25 000～30 000株。栽完后，将畦面整平并镇压，然后浇透水，上面盖一层马粪或枯草、树叶、稻草等，利于保湿防寒。

(2)分根繁殖　龙胆生长3～4年后，随着各组芽的形成，根茎也有分离现象，形成既相连又分离的根群，可以结合采收同时进行分根繁殖，挖起后易掰开，分成几组根苗，再分别栽植。

(3)扦插繁殖　龙胆的扦插繁殖可作为龙胆高效繁殖的一种手段，其优点是可保持母株的优良性状，育苗周期短。二三年生龙胆于6月中下旬至7月初生长旺盛，将地上茎剪下，每3～4节为1个插条，除去下部叶片，用ABT生根粉处理后扦插于插床内，深度3～4厘米，插床基质一般是用1/2壤土加1/2过筛细沙，扦插后每天用细喷壶浇水2～3次，保持床土湿润，插床上部应搭棚遮阴，20天左右生根，待根系全部形成之后再移栽到田间。由于龙胆在栽培中结种子量很多，繁殖系数大，在生产中分根和扦插繁殖很少应用。

(四)田间管理

1. 育苗管理　播种后能否取得育苗成功，关键在苗期管理，主要是温湿度和光照的控制。

(1)保湿　龙胆种子微小，要求高湿条件。因此保湿是育苗的一个重要环节。整个苗期保湿工作可分为三个阶段：第一阶段，从播种后到出苗之前，这一阶段属高湿阶段，此时畦面的湿度要保持在70%左右；第二阶段从出齐苗到长到4片叶时属中湿阶段，该阶段畦面湿度应保持在50%～60%为宜；第三阶段从6片真叶开始至秋后，畦面湿度应保持在40%左右。

在育苗整个生长期内，畦面应始终保持潮湿状态不准出现干土层。浇水次数应根据土质及地块的保水能力和气候条件而定。浇水最佳时间为早上7～9点，午后4点至7点。应严格遵守浇水时间，否则会出现损伤叶片，导致病害发生，影响幼苗正常生长。

(2)去掉覆盖物　幼苗长到2片真叶时去掉部分覆盖物，留一半左右，到幼苗长出4片真叶后再去掉全部松针或稻草。

(3)除草、追肥　苗畦除草不应受遍数的限制，本着早除、除小的原则，见草即除，以免拔草时伤苗。为了使龙胆幼苗发育良好，苗期进行叶面追肥，第一次在第一对真叶展开时用磷酸二氢钾700～800倍液面喷雾，每平方米用肥80～90克；第二次在4～6片真叶时，用磷酸二氢钾600倍液，叶面喷施，以叶面着液均匀，不滴液为宜。

(4)越冬管理　当年育龙胆苗尚未移栽的，可于第二年春移栽或秋栽。因此必须做好越冬管理工作，临上冻之前，用树叶或稻草等作覆盖物，盖好苗畦，并做好苗区四周的防护工作。待春季无冻害时，揭去覆盖物，清理好畦面。

2. 移栽田管理

(1)除草　除草不要受遍数限制，本着除早除小、见草即除的原则。切不要待杂草长起来形成草荒时再拔草，这样既费工又伤苗。

(2)松土　松土的目的是防止畦面土壤板结，提高土壤通气性，减少水分蒸发，并除掉萌芽中的杂草。松土于移栽第一年放在重点，第二年只在出土时松一遍土即可。在移栽缓苗后，应及时用手或铁钉耙子刨松因浇水造成的畦面板结层。注意移栽苗是斜栽的，松土时不要过深，以免伤苗或将苗带出。一般移栽后龙胆田结合除草松土2～3次即可。

(3)追肥　移栽苗后，为促使其尽快展叶，要进行叶面追肥，可在展叶以后到现蕾期间和开花到结果期间进行2次，使用磷酸二氢钾、叶面宝、丰产素等叶面肥，浓度见说明书，叶面喷施。3～4年生龙胆可在生育期间适量根系追肥，一般每平方米施饼肥100～150克，磷酸二氢铵50克，农家肥3千克。其方法是按行的空间开沟，深2～3厘米，将上述肥料施入沟内，并将土覆平即可。

(4)疏花与摘蕾　为减少营养物质消耗,促进根系物质积累,加速根茎生长,非采种田在现蕾后应将花蕾全部摘除。

(五)病虫害防治

1. 病　害

(1)龙胆斑枯病　是当前龙胆发病较多、危害较重的常见病害。是由龙胆壳针孢菌引起。龙胆草斑枯病主要以分生孢子器和菌丝体在病残体上越冬。一般5月中、下旬开始发病,7～8月份为发病高峰期。9月初至9月末为秋后慢发期,10月份随着温度下降植株枯萎,病菌进入越冬休眠期。一般三年生苗于6月20日左右开始发病,二年生苗在7月1日左右开始发病,8月下旬至9月下旬为发病盛期。一年生小苗很少发病。高温、高湿、强光栽培有利病害的发生和流行。雨水飞溅是田间病害传播的主要方式,而带病种苗调运是病害远距离传播的主要途径。斑枯病发病部位为叶片,病斑球形或梨形,褐色,突出于叶片表面,内生大量分生孢子。发病初期病斑周围出现蓝黑色晕圈,以后病斑不断扩大,呈圆形或不规则圆形,中央红褐色,边缘深褐色,病斑呈轮纹状,两面均生有黑褐色小点即分生孢子器,严重时病斑常相互汇合,导致整片叶片枯死。该病菌只侵染危害叶片,不侵染危害其他部位。

【防治方法】　种子用70%代森锰锌600倍液浸种30分钟后播种;移栽前种苗用70%代森锰锌600倍液浸泡4小时,或50%甲基硫菌灵600倍液浸泡12小时,均可防止种苗带菌传病。发病初期用甲基托布津800～1 000倍液、50%多菌灵500倍液、75%百菌清800倍液等农药交替进行叶面喷雾,每7～10天1次,防治效果较好。

(2)褐斑病　也是由壳针孢属真菌引起的病害。6月初开始发病,7～8月份最重,发病初期叶片出现圆形或近圆形褐色病斑,中央颜色稍浅,随病情发展,病斑相融合,叶片枯死,高温高湿条件下本病极易发生。高温高湿条件下本病极易发生。患病植株的叶片上出现圆形或近圆形病斑、褐色，直径3～8毫米，中央颜色稍浅，病斑周围具深褐色晕圈。在高湿条件下可在病斑两侧见到黑色小点，即病原菌分生孢子器。随着病情的发展，病斑相互融合，叶片枯死。病斑多从叶边缘开始，逐渐向内扩展，相互愈合后形成较大的褐色病斑。

【防治方法】　同龙胆斑枯病。

(3)猝倒病　为鞭毛菌亚门真菌引起的病害，主要发生在一年生幼苗期，罹病植株在地面处的茎上出现褐色水渍状小点，继而病部扩大，植株成片倒伏于地面，5～8天后死亡，主要发生在5月下旬至6月上旬，湿度大、播种密度大时发病严重。

【防治方法】　在防治措施上，除了采用综合防治技术外，重点应调节水分，一旦发病即停止浇水，并用65%代森锌500倍液浇灌病区。也可用800倍液百菌清叶片喷雾。

(4)炭疽病　由胶孢炭疽菌引起的。植株叶、茎可受害，叶上病斑圆形、半圆形、椭圆形或不规则形。病斑上有轮纹，稍凹陷，浅褐色，病斑边缘褐色。多数叶片在病、健部交界的健部会形成紫红色带。后期病斑在正、反叶面上产生黑点状子实体，叶上多个病斑连接，使整叶枯黄死亡。老熟茎上病斑呈梭形，中部深褐至紫红色，后期下陷成溃疡状，茎上病斑梭形，凹陷，暗褐色或暗绿色，病斑边缘褐色。

【防治方法】　在发病初期，一般为7～15天喷药1次，连续2～3次，药剂可选用80%代森锌600～800倍液、50%代森铵水剂500～800倍液、70%甲基托布津或50%多菌灵800倍液等。

2. 虫　害

(1)蚜虫　常聚集在植株叶片、嫩茎、花蕾、顶芽等部位，刺吸汁液，轻者使叶片皱缩、卷曲、畸形，引起植物生长缓慢，落叶、萎蔫；严重时引起枝叶枯萎甚至整株死亡。4月上、中旬发生。

【防治方法】　用50%马拉松乳剂1 000倍液，或50%抗蚜威可湿性粉剂 3 000 倍液，喷洒植株 1～2 次；或用 1∶20～1∶30 的比例配制洗衣粉水喷洒，连续喷洒植株 2～3 次。可以有效地防治蚜虫的发生。

(2)龙胆花蕾蝇　幼虫为害花蕾，在龙胆花蕾形成时，成虫产卵于花蕾上，初孵幼虫蛀入花蕾内取食花器，老熟幼虫为黄褐色。一个被害花蕾内，可多达七八头幼虫。在花蕾开放前已将雌蕊、雄蕊等花器食光，然后在未开放的花蕾内化蛹，大约于 8 月下旬成虫羽化，被害花蕾的花瓣变短变厚，出现分布不均匀的绿色小斑点，也不能结实。

【防治方法】　成虫产卵期喷 40%乐果乳油 1 000 倍液防治。

(3)蛴螬　蛴螬是金龟甲幼虫的总称，幼虫和成虫均可为害。幼虫主要取食龙胆的地下部分，尤其喜食柔嫩多汁的根茎，咬断幼苗根、茎，断口平截，造成苗枯死。一头幼虫可连续为害数株幼苗，常常造成缺苗。虫量多时可成片将龙胆须根吃光，造成地上部枯黄，严重影响产量。成虫喜食叶片、嫩芽等，形成残缺和空洞，加重危害。

【防治方法】　25%辛硫磷胶囊剂 150～200 克拌谷子等饵料 5 千克，或 50%辛硫磷乳油 50～100 克拌饵料 3～4 千克，撒于种沟中，亦可收到良好防治效果。

三、采收、加工、包装、贮藏与运输

(一)采收与加工

1. 采收　龙胆生长 3～4 年后(移栽 2～3 年后)即可采收入药，以四年生于 10 月中下旬采收龙胆苦苷含量及折干率最高。龙胆多为春秋季采收，留种田在 10 月上旬至 10 月下旬采收，春季采收多在 4 月中旬至 5 月上旬进行。采收时先除去地上植株，将根挖出，不要伤及根茎，去掉泥土。

2. 加　工

（1）清除泥土杂质　将起出的鲜品运回加工点，先将上等的根茎选出作种栽，大货选出加工。先用喷水枪将泥土冲洗干净，也可人工冲洗，但不准过度揉搓，以免降低药效成分，并将杂质清理干净。

（2）装盘烘干　先将洗净的龙胆捋齐装盘，放入干燥室烘干。烘干室内温度应控制在30℃～45℃，经40～60小时即可烘干。烘干期间要不断调整烘干盘的位置，以防受热不均或烘焦。在自然条件下阴干，温度18℃～25℃较好。有条件时在25℃环境下烘干，苦苷含量及折干率高，不适宜在65℃以上条件下烘干。不论阴干或烘干，待根部干至七成时，将根条整理顺直，数个根条合在一起捆成小把，再晾至全干。

（3）打潮捆把　把烘干好的龙胆干品放在塑料膜上，摆一层，喷一层温水。但喷水不要过量，喷好后将其包好。经2～3小时后，将其打开，并捋齐捆好把，把的大小要均匀适度，一般40～60克为宜，捆好后，再整齐装入盘内，放入低温室进行二次干燥。

（二）包装、贮藏与运输

1. 包装　龙胆草采收阴干后，要按等级不同打捆。打捆时，将龙胆条理顺，扎成小把，用绳子捆紧，一般一把约100～150株，将捆好的龙胆药材，放在纸箱中为好，目前药材行业习惯多将龙胆装入麻袋内保存。为了运输方便，可按不同等级，在包装物上拴上标签，一等品用红色签，二等品用绿色签，三等品用黄色签。货签上要写明等级、重量、单位等。包装箱质量及大小要按客户要求确定，一般每箱20千克左右为宜，形状以扁长方形为好。

2. 贮藏　龙胆应该贮藏在通风干燥的仓库中，贮藏的适宜温度为30℃以下，空气相对湿度60%～70%，龙胆药材如果保管不当，很容易产生霉变、虫蛀，因此应在贮藏期间定期进行检查，发现轻度霉变、虫蛀，要及时摊晒。

3. 运输　龙胆在运输过程中，要注意打包，目前还是多用麻袋封装,在运输过程中由于龙胆根较细弱,容易损坏,因此,如果不是作为制药厂的原料用药,最好用纸箱包装,以免在运输中破损,而影响商品的质量,同时要避免被雨淋湿。

四、质量要求与商品规格

(一)质量要求

龙胆以根条粗大饱满、长条顺直、根上有环纹,质柔软,色黄或黄棕,不带茎枝、味极苦者为佳。

(二)商品规格

干货。呈不规则的结节状。顶端有木质茎秆,下端着生若干条根,粗细不一。表面棕红色,多纵皱纹。质坚脆,角质样。折断面中央有黄色木心。味极苦。无茎叶、杂质、霉变。

第十一章　木香规范化生产技术

一、概　述

(一)植物来源、药用部位与药用历史

木香又名南木香、广木香、云木香,为菊科植物。

药用部位:以干燥根入药。

木香药用历史悠久,始载于东汉《神农本草经》,列为中品。称其"主邪气,辟毒疫瘟鬼,强志,主淋露。久服,不梦寤魇"。其后代诸家本草医籍均予录著,并将其药用经验加以增补。至唐代甄权的《药性论》尚云:(木香)"治女人血气刺心心痛不可忍,末,酒服之。治几种心痛,积年冷气,痃癖症块,胀痛,逐诸壅气上冲烦闷。治霍乱吐泻"。《日华子本草》载本品"治心腹一切气,止泻,霍乱,痢疾,安胎,健脾消食。疗羸劣,膀胱冷痛,呕逆反胃"。明代的《本草纲目》更为全面的总结论述了木香的效用治验。李时珍明确指出:"木香乃三焦气分之药,能升降诸气"。清代黄宫绣探究药理,不拘成说,不尚空谈,更明确而具体指出:"木香,下气宽中,为三焦气分要药。然三焦又以中焦为要。故凡脾胃虚寒凝滞,而见吐泻停食;肝虚寒入,而见气郁气逆服此辛香味苦,则能下气而宽中矣。中宽则上下皆通,是以号为三焦宣滞要剂"。明清以来的本草,便逐渐总结了本品的行气止痛、调中健脾、消食诸功,成为著名的行气止痛、温中和胃、健脾消食的常用中药。

(二)资源分布与主产区

木香一药现代临床处方用名常有广木香、云木香、川木香等称谓。广木香之名的来由是:因本品原产于印度、缅甸、巴基斯坦等

国，以往乃从我国广州进口，故称其为广木香。1935年我国将广木香的种子引种于云南丽江地区进行了栽培试验后获成功。其商品称为云木香。因此药用木香应以国产的云木香为正品，已为历版《中国药典》所收载。

木香主产于云南西北部的丽江、迪庆、中甸、宁蒗、贡山、德钦、鹤庆、剑川、腾冲、大理等30余个州县。四川、贵州、广西、广东、西藏、湖南、湖北等省区也有引种栽培，但以云南迪庆产量最大，质量最佳。

为了寻求本国的木香资源，在四川的越西一带发现了越西木香和灰毛木香，统称为"川木香"。主要分布于四川西部。本品质量虽较佳，但与云木香、广木香为不同属植物，其质量也较正品木香稍次，因此在品名上应加以区别，《中国药典》1995年版始有收载，但与木香分别列之。其功效与木香相近。

(三)化学成分、药理作用、功能主治与临床应用

1. 化学成分 经现代研究表明：木香根部主要含挥发油0.3%～3%，其中主要成分为单紫杉烯、α-紫罗兰酮、β-芹子烯、凤毛菊内酯、木香酸、木香醇、α-木香烃、β-木香烃、木香内酯、莰烯、脱氢木香内酯、三氢脱氢木香内酯等，此外，尚含豆甾醇、白桦脂醇、树脂、菊糖及木香碱等。

2. 药理作用

(1)对呼吸系统的作用　木香的水提液、醇提液、挥发油及总生物碱能对抗致痉作用。挥发油中的内酯成分以及去内酯挥发油均能对抗组织胺、乙酰胆碱与氯化钡引起的支气管收缩作用；可延长致喘潜伏期，降低死亡率。

(2)对肠道作用　木香水提液、挥发油和总生物碱对大鼠离体小肠有轻度兴奋作用，对乙酰胆碱、组织胺与氯化钡所致的痉挛有对抗作用。木香碱对家兔和小猫的离体小肠有明显抑制作用，较大剂量时，可使肠停止运动。

(3)对心血管的作用　实验表明,低浓度的挥发油及从挥发油中分离出的各种内酯成分均能不同程度地抑制动物离体心脏的活动。

(4)抑制血小板凝集作用　实验表明木香在一定浓度范围内对家兔血小板聚集性能有明显的抑制作用,对已聚集的血小板有显著促解聚功能,作用强度与药物剂量成正比。

(5)抗菌作用　木香水煎剂在试管内,对副伤寒杆菌有轻微抑制作用。挥发油 1∶3 000 浓度能抑制链球菌、金黄色和白色葡萄球菌的生长,对大肠杆菌与白喉杆菌作用较弱。

3. 功能主治　木香性温,味辛、苦。具行气止痛、健脾消食的功能。主要用于胸脘胀痛、泻痢后重、食积不消、不思饮食等症;煨木香实肠止泻,用于泄泻腹痛。

4. 临床应用

(1)中医临床应用　木香为中医常用,是行气止痛,调中健脾,消食之要药。中医临床用于胸脘胀痛、泻痢后重、脾胃虚弱、湿热气滞、口苦肋痛、疝气疼痛、癥瘕积聚、小儿疳疾及妇女经痛等症。例如:

①胸腹胀痛　木香辛散苦泄温通,芳香醒脾,善于开壅导滞,升降清气,能通理三焦而尤其善于行脾胃气滞,有调中宣滞、行气止痛之功,为治脾胃气滞、脘腹胀痛、饮食不化、食欲不振等症之常用药,常与陈皮、砂仁、檀香、枳壳等同用。

②泻痢后重　木香辛散苦燥温通,善于通畅胃肠气机,故为治泻痢腹胀、里急后重必用之品。若湿热痢疾、下痢赤白、腹痛、里急后重、胃肠气滞者,木香常与黄连同用,以清热燥湿、行气止痛。

③脾胃虚弱　木香辛散温通,芳香醒脾,功能行气消滞健脾消食,故可用于治脾胃气虚、运化无力、脘腹胀满、呕恶食少、消化不良、不思饮食等症,常与党参、白术、茯苓、砂仁、陈皮、半夏、枳实等药同用,共奏健脾和胃、行气消积、开胃进食之功。

④湿热气滞　木香辛散苦泄、调中宣滞、行气止痛，故常用于脾运失常、肝失疏泄、湿热郁蒸、气机阻滞所致的胁肋胀痛，口苦苔黄，甚或黄疸尿赤，常与疏肝理气的柴胡、郁金、枳壳及清热利湿的茵陈蒿、金钱草、大黄、栀子等药同用，以达药后排气、调中宣滞、行气止痛、增强食欲等效。

⑤疝气疼痛　木香辛散温通，行气化滞，散寒止痛，故可用于治疗寒滞肝脉，小腹痛引睾丸或偏坠痛，常与川楝子、吴茱萸、小茴香等同用。

⑥癥瘕积聚　木香辛散苦泄温通，行气化滞止痛，也可用于血瘀气滞之癥瘕积聚疼痛，常配伍莪术、三棱、桃仁、青皮等药。

(2)现代临床应用　木香现代临床应用十分广泛，并不断创新。临床新用主要有传染性肝炎、肿瘤、劳伤性胸痛等症。例如：

①肿瘤

食管癌：木香 6 克，当归、龙胆草、栀子、黄芩、黄连、黄柏各 3 克，大黄、芦荟、青黛各 1.5 克，水煎 2 次，早晚分服。能使临床症状消失，疼痛缓解，获近期治愈。

结肠癌：木香、藤梨根、野葡萄根、野杨梅根、龙葵、白花蛇舌草、白英、毒莓、半边莲、白茅根、枳壳、香附、郁金、延胡索各 30 克，蛤蟆 15 只，加水 15 毫升，日 3 服，可加白糖送服。经 2～3 个月症状基本消失。本煎剂长期服用未见副作用。

肝癌：木香、砂仁、苏木、红花、陈皮、半夏、枳实、厚朴、延胡索各 1 克，大黄 9 克，水蛭、生莪术、生三棱、瓦楞子各 18 克，共研细末，每服 3 克，日服 3 次。连服 3～6 个月，能使肿块缩小，症状缓解。

②传染性肝炎　经用木香治疗传染性肝炎 100 例，其中无黄疸型 50 例，42 例治愈；黄疸型 5 例，用药后，患者肝功能均迅速恢复至正常；迁延型 30 例，24 例治愈；慢性 15 例，10 例获愈，血清转氨酶多数在 3 周内恢复正常。

③胃痛　木香、荜茇、高良姜、鸡内金各25克，佛手15克，肉桂8克，海螵蛸150克，共研细末，每服3～6克，每日2～3次，疗效满意。

(四)栽培现状与发展前景

1. 栽培现状　木香自20世纪30年代将印度加尔各答广木香的种子，在云南丽江地区一带引种成功，继而大量栽培，畅销各地。随后在云南的西北及西南的广大地区引种栽培，其种植面积逐年扩大，其后多个省区进行了引种栽培，尤以四川、贵州、重庆等省市引种栽培面积较大，湖南、湖北、陕西、甘肃、福建、江西、山西、河南、河北、广西等省区也进行了引种试验。回顾历史，由于多种原因的影响，木香的种植也曾经历了有起有落的现象。

我国引种木香已有近80年的历史，木香商品现已来源于生产栽培。1980年前，木香为国家计划管理品种，1980年后，改由市场调节产销。几十年来，木香的生产发展很快，产量不断增加。20世纪五六十年代，全国各地药材公司相继建立，加强了中药的生产经营和管理工作，促进了木香生产的发展。特别是60年代初，农业遇到了特大自然灾害，高寒山区农民口粮不足，迫使部分药农转向粮食生产。因此，木香的生产受到了较大的影响。当时云南丽江等地所产木香商品供不应求，市场紧缺，许多地区则寻找木香资源，曾应用越西木香、大理木香及川木香等代替木香药用。70年代初，国家对药材生产实行奖售政策，并提高木香收购价格，木香老产区不但加强了木香基地建设，使产量明显增加，而且还向四川、贵州、湖南、湖北、陕西等适宜木香种植的地区提供大量种子，产量迅速上升。1975年全国木香产量高达450万千克，创造历史最高水平，比1968年增长了3.3倍，超过年销售量的1.6倍，一度出现了产大于销的现象，造成了木香商品药材的大量积压。在这种情况下，国家调整了生产计划，缩小了种植区域和面积，向主产区集中，加强了质量管理，并相应调整了购销政策，降低了收购价，于是产量逐渐下降，到1985年全国年产量仅约58万千克。这一时期库存较大，市场供应并未出现大的问题。1986～1994年全国木香年正常需要量为250万千克左右，其后木香产销量也随着市场的需求，而逐年攀升。据业内人士预测，随着木香的综合利用及出口量的递增，木香的栽培面积在原有基础上必将有扩大的趋势。

2. 发展前景 木香是行气止痛、温中和胃的良药，也是我国大宗药材之一。木香不仅为中医临床配方常用，而且又是中成药的重要原料。据1985年《全国中成药产品目录》统计，全国有313厂家以木香为原料的人参归脾丸、木香丸、木香止痛丸、六合定中丸、香砂养胃丸、开胸顺气丸、木香舒气丸、正气片等中成药达182种。上述木香的现代研究成果，特别是在抗肿瘤、抗肝病、心血管疾病等方面的新用途，更加为其深度开发打下了良好的基础。同时，木香还是避毒邪气、健身延年之外用良药，又是香料工业原料之一。木香根所含的挥发油经提取的精油是很好的定香剂，是很名贵的调香原料，芳香力极强，可用于调配高级香水香料或化妆品香精。其芳香性尚可防虫，如用木香制成的香丸，则可作为毛呢衣物制品等的"卫生丸"，既可防虫蛀，又可定香而不伤衣物。木香还是出口创汇的重要商品之一。

木香可作为山区的主要经济作物之一，扩大栽培是开展多种经营、脱贫致富的重要门路。由于木香适性较强，适宜于我国大部分地区，特别是中西部地区更宜发展，而且木香主要靠种子繁殖，种源丰富，生产容易发展，木香引种栽培地区的农民均有很好的生产技术和种植习惯，生产潜力很大。我国中西部地区，土地资源广阔，大有可为。只要合理布局，切实加强科技指导，进一步巩固和发展老产区，搞好其GAP基础建设，推广和应用先进的栽培管理技术，就可提高单产，促使木香生产持续、稳定地发展。同时若能更进一步抓好木香系列产品的研究开发，努力搞好深度加工，综合利用，木香的生产开发前景必将更为广阔。

二、栽培技术

(一)植物的形态特征

木香为多年生草本植物(图 11-1),高 1～2 米。主根粗壮,呈圆柱形,木质化,直径 5 厘米左右,表面褐色,有稀疏的侧根,具有特异香气。茎上被稀疏短柔毛。基生叶较大,具长柄。叶片三角状卵形或三角形,长 30～100 厘米,基部心形,通常向叶柄下延成不规则分裂的翅状,边缘有不规则浅裂或呈皱状,叶面疏生短刺,两面有短毛;茎生叶较小,互生,呈广椭圆形、卵圆形或三角形,叶基翼状,下延抱茎。头状花序,2～3 个丛生于茎顶,几无总梗,腋生者单一,有长的总梗;总苞片 10 余层,三角形,披针形或长披针形,外层最短,先端长尖如刺,托片刚毛状;花全为管状花,暗紫色,花冠 5 裂;雄蕊 5,聚药;子房下位;花柱伸出花冠外,柱头 2 裂,瘦果线形,上端首生一轮黄色直立的羽状花冠,果熟后脱落。花期 5～8 月份,果期 9～10 月份。

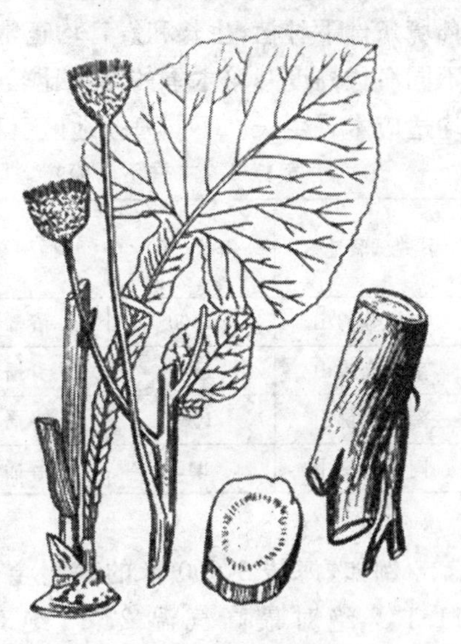

图 11-1　木　香

(二)生态生物学特性

1. 生态环境特点　木香适宜气温较低、湿度较大的高山环境下栽种。木香根入土很深,一般入土 30～50 厘米或更深。因此,种植木香要求土壤较严,须土层深厚、疏松肥沃、不积水的沙质壤土或油沙土栽培才能生长良好。土壤 pH 值 6～7 为宜。

木香可连作 1～2 次，生长情况正常，但连作栽培时应注意增施肥料。符合要求的生荒土、熟荒土、熟土亦可栽培。

2. 生长发育特性 木香性喜冷凉、湿润气候，耐寒，怕高温强光。主产区云南丽江等地栽培在高寒山区，如丽江鲁甸在海拔 2 700～3 000 米，年平均气温 9℃，绝对最高气温 23℃，绝对最低气温－14℃。在年降水量 1 000～1 800 毫米，无霜期 150 天左右的环境条件下种植，生长和发育均正常。据重庆市药物种植研究所在不同海拔高度栽培木香的结果比较，海拔在 1 000 米以上地区一般均适应木香生长。不同海拔地区引种栽培的结果见表 11-1。

表 11-1 木香不同海拔地区引种栽培的结果比较

引种试验地区	海拔(米)	播种期	产量(千克/667 米^2)	产量比(%)
南川金佛山	1600	春播	303.8	100.0
南川金佛山	1150	春播	246.6	81.2
南川金佛山	1050	春播	236.3	77.8
南川金佛山	940	春播	153.8	50.6

例如，海拔 1 600 米的南川金佛山洋芋坪地区，年平均气温 11.1℃，绝对最高气温 27℃，绝对最低气温－8℃；年降水量 1 200～1 600 毫米(其中 6～9 月份最多，占年降水量的 50%～60%；12 月份至翌年 2 月份最少)，无霜期 200～230 天；7～8 月份平均气温为20℃～22℃，月降雨量 200～300 毫米，空气相对湿度 87%～89%，木香生长良好，产量较高。据研究表明，在海拔 1 200～1 500 米的地区，木香生长发育亦好；但当海拔降至600～1 200米时，7～8 月份气温高，若日平均气温最高达到 30℃以上时，木香则生长不良，夏天死亡率高，说明木香不宜在低海拔地区栽种。

木香幼苗怕强光，须适当遮荫，或与其他作物间作，否则易死亡。木香种子在温度10℃以上才发芽，15℃左右为发芽的最适温度。秋后的（9月中、下旬）10～14天为出苗盛期，第二年起有部分植株抽薹开花。据研究在重庆市的南川区海拔1 600米地区，2～3年生木香植株的物候期是5月中、下旬抽薹，6月份孕蕾开花，7月上旬至8月上旬种子成熟，11月中、下旬倒苗。

（三）播种与育苗

1. 播前准备

（1）选地与整地

①选地　木香为高山耐寒，深根性植物，以在海拔1500米左右的山区、丘陵地段种植为最好。宜选择排水、保水性能良好，地势朝北或东北方向、位置较高、土层深厚、土质疏松、富含腐殖质的土壤，或选择土壤深厚、疏松、肥沃、不积水的沙质壤土栽培，方能生长良好，优质高产。凡地势低洼、地下水位高的地方及黏性土，都不宜栽培。木香对前茬要求不严，生荒地、熟土均可种植；但忌连作（最多可连作1～2次）。

②整地　由于木香根大而长，故应在种植前深耕土地。春播的应在头一年秋、冬深翻，其深度达30厘米以上，使土壤越冬风化，改善其理化性质，第二年春播前再翻耕。秋、冬播的与春播一样也应提早深翻。选用生荒地栽培的，应提早翻30厘米以上，拣去石块、树根、杂草等，播种前再翻耕一次；选用熟土栽培的也应在播种前深翻30～35厘米。打碎土块，整细耙平，并结合整地施入足够量的厩肥、堆肥、土杂肥等作底肥，然后开作业道作畦，一般畦宽1～2米，畦高20厘米，沟宽35～40厘米。例如，云南木香主产区，一般均于12月份前耕翻1次，深35厘米左右；翌年2月份或3月份再深翻1次，并施底肥，一般每667米^{2}施腐熟的厩肥2 500～5 000千克。然后整平、耙细，做1～2米宽的高畦，以利排水及管理。平坝地区多做平畦。若原耕作层浅，则不宜深耕，以免翻起生

土,影响木香生长。如属坡地,应挖好拦山沟,防止雨水冲刷。

2. 繁殖方法 木香多用种子繁殖,亦可用幼根繁殖。其中幼根繁殖所得后代侧根较多、细小且质量较差,产量亦低,故在生产中多不采用。现多以种子繁殖。木香种子繁殖方式包括直播和育苗移栽两种,二者在产品质量上无明显差异,育苗移栽较种子直播方式更费工费时,故生产上常采用直播法。

(1)采种 在二三年生的生产地内选择合格植株作种株或选择条件优越的地段作留种区。即在木香种子成熟前,选择生长良好、健康无病虫的植株,留着采种,或选择生长健壮较为一致的地段建立留种区。在种子成熟期的7~8月份,常到田间检查,为防止种子老熟脱落,应做到及时采收。采收时种子的外观标准是:花柄变黄,花苞变为黄褐色,上部细毛接近散开。此时将花苞采回,置于通风干燥处后熟7~10天,然后再经晾晒,轻轻打出种子,去净杂物,晒干,贮于通风干燥处待用。

(2)种子处理 采回的种子经过挑选后,用35℃左右的温水浸泡24小时,待冷却后捞出晾干,即可供播种用。

(3)播 种

①播种期 木香在春、夏、秋三季均可播种,各地应根据各自的自然气候条件,选择适宜的播种期。一般春播选在3月中旬到5月上旬为宜;秋播于8月下旬至10月中旬;冬播在入冬前,以当年不出苗为宜。据重庆市药物种植研究所的研究表明,木香因播种期的不同,其成株率和产量有较大差异(见表11-2)。

表 11-2　木香不同播种期成株率和产量对比

播种季节	播种期（月/日）	成株率（%）	产量（千克/667 米^2）	产量比（%）	备　注
春　播	3/15	74.0	385.65	100.00	播种后第三年10月份采收，从播种到采收约2.5年
	3/25	71.5	378.00	98.01	
	4/5	64.0	368.55	95.36	
	4/15	59.0	357.95	92.82	
	4/25	42.0	361.00	81.94	
	5/5	40.0	266.45	69.09	
秋　播	8/25	70.0	371.50	96.33	播种后第四年10月份采收，从播种到采收约3年
	9/5	76.0	362.15	93.90	
	9/15	85.5	428.15	111.02	
	9/25	80.5	421.45	109.28	
	10/5	82.0	424.80	110.15	
	10/15	77.5	401.30	104.06	
冬　播	11/5	92.5	467.30	121.17	同秋播

A. 春播。以解冻后至 4 月上旬（惊蛰至清明）为最适的播种期。海拔较高地区可推至 5 月中旬，海拔较低地区则可提前至 3 月份。春雨早来地区，若播种过迟则易被雨水冲刷，土表板结而影响出苗；幼苗期间杂草多，除草费工耗时，且易遭受蛴螬、地老虎、蚱蜢等害虫为害而造成缺株。

B. 秋播。以 9 月中、下旬（白露至秋分）为播种的最佳时期。适时秋播，翌年出苗返青早，生长快，能抑制杂草生长。海拔较高地区秋播可提前至 8 月上旬，而低海拔地区则可适当延迟至 10 月上旬。若播种过早尚有暴雨，土表板结，有碍出苗；或出苗后被大雨冲刷，以致泥浆淹没幼苗，造成幼苗死亡。但播种过迟幼苗出土后，又易导致遭严寒冻死，或经过冬季严寒，初春解冻时又易将幼苗掀起，造成死亡。

C. 冬播。以 11 月中旬至结冰前（小雪至大雪）为冬播的最适宜期。播种后当年不出苗，翌年早春解冻后即出苗，较春播的早出苗 15～25 天，出苗整齐，对保证全苗有利；杂草出土时，幼苗已长大，便于中耕除草。同时，冬播可以充分利用闲劳力及秋收作物土地。

实践表明，在春季可播种期间（3 月中旬至 5 月中旬），播种越早成株率及产量也越高；秋播过早（9 月中旬以前）成株率及产量反而降低；冬播当年不出苗，11 月上旬播翌年春季出苗者成株率及产量较高。

②播种密度　据栽培实践，以窝行距 33 厘米为宜，过密产量增加不多，过稀则产量显著下降。据重庆市药物种植研究所经多年实验及生产栽培比较以窝行距 33 厘米，每窝留苗 3 株为适当。定苗时每 667 米^2 有苗 15 000 株，生长期中死亡 25%左右，生长 3 年收获时，每 667 米^2 有效植株约 11 000 株，产量稳定而较高。若过密，产量增加较少或不增加，而过稀则产量较低。

③播种方法

A. 开窝。按窝行距 33 厘米开浅穴，穴径 20 厘米，穴深 3～5 厘米。春播、秋播开穴宜浅，冬播可稍深。窝底要平坦。

B. 播种量。直播每 667 米^2 用种 1 千克，随开窝随播种，每窝播种子 8～10 粒。种子在窝中要散开，不可丢成堆。每窝播种粒数应切实掌握，不可过多或过少。

C. 施种肥。播种前将各种肥料（人畜粪、火灰、土杂肥等）混合，每 667 米^2 施肥量 500～1 000 千克，播种后每窝撒施一把，盖在种子上。种肥施用量应根据当地肥源而定。肥源充足，可以多施。

D. 覆土。施好种肥后，盖 1 厘米左右的细土。春、秋播种覆土要浅，冬播覆土可稍厚。在表土疏松细碎的情况下，可使用 2～3 枝落叶竹桠在畦面扫土覆盖的方法，既快又均。

E. 间苗补苗。秋播者于翌年5月上、中旬，春播者于6月下旬至7月上旬，当幼苗生长出真叶3～4片时，结合中耕除草进行匀苗，每穴留壮苗3株，缺株者同时进苗。每667米^{2}应有1 500株苗。为保证全苗，稳定产量，一般结合间苗、定苗时，将间出的幼苗用于补植缺株。但在大面积出苗不好的情况下，往往无间苗用于补植，若任其缺株，则影响产量，因此应适当培育专供补植缺株用的幼苗。

(四)田间管理

1. 中耕除草　秋播的当年11月上旬，幼苗叶部将枯死时，进行浅层培土覆盖幼苗，厚3～6厘米，以防严冬冻死幼苗及冻枝发生。第二年5月上旬首次中耕除草，同时间苗补苗，每窝留壮苗3株。在6月中、下旬第二次中耕除草。第三次在冬季倒苗时进行，先清除枯残茎叶，再行薅锄，并适当壅土覆盖于窝上。第三年只在春季培土1次，不再中耕除草。另外在夏、秋季中耕除草时，还可摘除基部部分老叶，以利通风。

2. 追肥　木香喜肥，对肥料的需求敏感，增施肥料，可显著提高产量。除播种前施足底肥外，在生长期间还需追肥，才能提高产量。追肥时，农家肥料与化学肥料均可施用；农家肥以人畜粪尿、草木灰、饼肥为好；化肥以尿素、过磷酸钙、氯化钾较好。木香每年前期长叶，后期长根，所以在生长前期需要施一定的氮肥，以促进其叶子的生长，后期要多施磷肥和钾肥，以利根的生长发育。第一年苗小，幼苗期宜施清淡速效肥料，以氮肥为主，配施一些磷肥。第二年春季宜用人畜粪尿水和尿素(每667米^2 3～4千克)对水或拌土施用；冬季宜用火灰、土杂肥、饼肥等混合施于根际。化肥干施时，应离苗3厘米，以免烧死幼苗，最好冬季用农家肥施于根际。雨水较少的地区，追肥后应及时灌溉。

一般第一年以氮肥为主，配施一些磷肥；定苗后5～6天及每年春季出苗后，应结合中耕施肥，并可开沟施肥后培土。第一年第一次追肥在4～5月份进行，第二次在7月份进行；每次施稀薄人畜粪水或1％硫酸铵液，每667米^2 500～800千克；或每667米^{2}追施腐熟饼肥50～100千克、农家肥1 000～1 500千克。第二年也在4～5月份追肥，每667米^{2}施硫酸铵5千克、过磷酸钙25千克和草木灰250千克，混合后施用。经实验，这3种肥料混合后施用比单一施用效果好，一般能增产30％左右。若春季齐苗后，可在行间开横沟施入饼肥和厩肥；冬季施草木灰、土杂肥等，其增产效果更加显著。第三年春季施入一些磷、钾肥，而氮肥则不可多施，以免茎、叶徒长，影响产量。

3. 割花薹　木香播种出苗生长1年后，即开始抽薹开花结实。除留种的植株外，在抽薹孕蕾时将花薹割除，促使营养集中供应根部，使根部能获得更多养分，有利于根的增粗增重，提高产量和质量。据试验，将花薹割除后，可以提高木香根产量的3.6％～10.4％，平均7.4％。割花薹的具体方法是：在大部分花薹抽出后，用镰刀将花薹上部有花蕾的部分割除。在大面积生产时，除计划留种以外，均应割去花薹。

4. 间作　因木香种后的第一年生长缓慢，植株较小，便可在畦边间种玉米等作物。但在种后的2～3年则生长迅速，茎叶茂盛，不宜再进行间种。

5. 培土　木香生长第二年后的植株，应于秋末割去枯枝茎叶，并结合进行施肥和培土盖苗，以利于增加根部产量。

（五）病虫害防治

1. 病害　木香病害主要为根腐病。一般5月份开始发病，7～8月份危害严重，一直到收获时均能危害。尤以排水不良或中耕除草时根被伤害更易引起病害发生。植株受害后，地上部分枯萎，根部变黑，逐渐水渍状腐烂，最后植株死亡。

【防治方法】①选用高燥或排水良好的地块栽种。②雨季应及时开沟排水，降低田间湿度。③中耕除草时切忌伤害根部。④

发现病株立即拔除,同时挖出附近病土,换上新土,撒生石灰进行土壤消毒,防止病情蔓延。⑤用福尔马林在局部地区对土壤消毒。⑥用50%的托布津1 000～1 500倍液,或50%多菌灵1 000～1 500倍液在根部浇灌。

2. 虫　害

(1)短额负蝗　又名“蚱蜢”,是为害木香比较严重的害虫。幼虫和成虫咬食叶片成孔洞或缺刻,严重为害时,常把大部分叶片吃光,仅余叶脉。蚱蜢1年发生3代。以卵块在土中越冬,翌年4月下旬孵化,5月中、下旬第一代成虫出现,6月中、下旬产卵,7月上、中旬孵化,为害木香,7月下旬至8月中旬为害最严重,8月下旬至9月上旬出现第二代成虫,10月下旬以后第三代成虫产卵越冬。短额负蝗喜生活在植株生长茂密,湿度较大的环境中,早晚取食为害。

【防治方法】　①冬季清除杂草,减少越冬虫卵;②虫发盛期,用捕虫网捕杀,减轻为害;③普遍发生时,用7.5%的鱼藤精800倍液或90%敌百虫800倍液喷杀,每隔5～7天喷1次,连续喷2～3次。

(2)蚜虫　于夏末秋初为害茎叶,取食汁液。

【防治方法】　可用40%乐果乳油800～1 500倍液,或80%敌敌畏乳油2 000～3 000倍液防治。

(3)地老虎(土蚕)、蛴螬　主要为害木香幼苗及根叶。

【防治方法】　可以捕杀,毒饵诱杀或用90%敌百虫800～1 000倍液浇灌根部。

三、采收、加工、包装、贮藏与运输

(一)种子和根的采收与加工

1. 种子的采收　木香栽种3年后大部分均可开花结实。一般于8～9月份，当木香茎秆由青变褐色、花柄变黄、花苞呈黄褐色、花苞上部冠毛接近散开时，种子即成熟。应及时分批割取健壮植株，剪下果穗，扎成小把倒挂通风干燥处，促使其种苞松散，打出种子，除去杂物，晒干后用麻袋或木箱包装，并贮藏于通风干燥处即可。

注意：由于木香花薹正中的花蕾所结的种子，饱满者约占50％以上，其余花蕾所结的种子饱满的较少，故留种用的植株宜选留其花薹正中的花蕾，其余则应摘除，尤其摘去分支上的花蕾，以保证更多的种子成熟饱满。采收种子要及时，否则老熟后易脱落，难以收集。收下的花蕾应尽快脱粒晒干，除去杂质备用。干燥时，绝对不能将种子以火烘干，也不得在湿润情况下堆积，以免发热而失去发育能力。

2. 根的采收

(1)生长年限　木香以根入药，一般播种生长3年后收获。如果土壤肥沃，栽培管理好，施肥充足合理，经2年生长也可收获。但若将其生长年限继续延长，结果木香根不但不能个体增大，反而使大部分中条上端枯朽，产量和质量均有降低。经研究表明，木香播种后生长3年较2年收获的产量提高41.0％～103.4％，平均提高产量60.8％。

(2)采收期　一般以10月份采收较为适宜，9月中、下旬亦可采收；若采收过早则使产量显著降低(表11-3)。采收期内，应选择晴天采挖收获。

表11-3　木香不同采收期的产量比较

采收期	干重物(％)	平均每667米^{2}产干根(千克)	产量比(％)
8月中旬	25.1	491.0	92.6
8月中、下旬	21.9	523.0	98.7
10月中、下旬	20.9	530.0	100.0

(3)*采收方法*　先将茎叶割去，小心挖掘出全根。因为木香入土较深，应注意深挖，避免断根。根挖出后，若天气晴朗则可就地晾晒，去掉根上泥土，避免污染并及时运回加工处理。

3. 木香根的产地加工　将根挖出后，稍晾，清除茎叶，抖掉泥土(忌水洗)，切成长8～12厘米的小节，粗者可纵切2～4块，然后晾干。若遇阴雨天，可用微火烘干，但烘时火力不宜太大，一般掌握在50℃～60℃，并注意经常翻动。待全干后装入箩筐或麻袋里，反复推撞，撞去粗皮、泥沙和须根等，即为成品。挖出的根要防霜冻，以免变黑，影响质量。一般667米^{2}产干货300～500千克。

(二)包装、贮藏与运输

1. 包装　木香传统包装多用麻袋或篾篓等包装，而现代则应采用无污染、无破损、干燥、洁净的，内衬防潮纸的纸箱或木箱等适宜容器包装，每件15千克左右；并在包装上标明产品名称、批号、规格、产地等标记。

2. 贮藏　木香极易受潮发霉，故应贮藏在阴凉干燥处。

3. 运输　木香易受潮发霉，批量运输时，尤应注意防潮、防破损。所用运输工具必须清洁，近期装运过农药、化肥、水泥、煤炭、矿物、禽畜及有毒的运具，未经消毒处理者严禁使用，要整车或专车运输，不能与有毒、有害物品及易串味、易混淆、易污染的物品同车装运，否则造成污染而影响木香药材的产品质量。不能及时运出的木香药材，包装后及时入库保存，不得露天堆放。

四、质量要求与商品规格

(一)质量要求

以无空泡，无枯焦、芦头、须根，无虫蛀、油变、霉变，无尾梢为合格；以体实具油性，香气浓，色灰黄，无粗皮，长短粗细均匀者为佳。

(二)商品规格

根据国家医药管理局、卫生部制定的药材商品规格标准,木香的药材商品规格标准分为2个等级(表11-4)。

表11-4 木香药材商品规格标准

品名	等级	标准
木香	一等	干货。呈圆柱形或半圆柱形。表面棕黄色或灰棕色。体实。断面黄棕色或黄绿色,具油性。气香浓,味苦而辣。根条均匀,长8～12厘米,最细的一端直径在2厘米以上。不空、无泡、不朽。无芦头、根尾、焦枯、油条、杂质、虫蛀、霉变
	二等	干货。呈不规则的条状或块状。表面棕黄色或灰棕色。体实。断面黄棕色或黄绿色。具油性。气香浓,味苦而辣。长3～10厘米,最细的一端直径在0.8厘米以上。间有根头根尾、碎节、破块。无须根、枯焦、杂质、虫蛀、霉变

第十二章　南方大斑蝥规范化养殖技术

一、概　述

(一)动物来源、药用部位与药用历史

斑蝥属芫菁科斑芫菁属昆虫。《药典》规定的药用斑蝥仅有两种,南方大斑蝥和黄黑小斑蝥。

药用部位:习惯用药,外用多以干燥全虫入药;内服则需要去头足及鞘翅入药。

斑蝥是一类重要的药用昆虫,应用至今,已有2 000多年的历史。我们的祖先很早就知道利用它来治病。我国现存最早的一部出自秦汉时期的药学典籍——《神农本草经》中就有斑蝥治疗痈疽、溃疡、癣疮等病症的记载。唐朝齐梁时代的陶弘景在《名医别录》中又记述"芫菁、葛上亭长"2种与斑蝥同功效的昆虫。明朝药物学家李时珍,又详细记述了斑蝥、地胆、芫菁、葛上亭长4种同类功效的昆虫形态、生境、采集和炮制方法、主治及附方等。表明前人对斑蝥的应用及其疗效是非常明确的。而现代的临床应用研究还发现斑蝥在治疗癌症和一些疑难杂症上具有独特的疗效。

(二)资源分布与主产区

南方大斑蝥主要分布于长江以南的各省区,其中广西、云南、贵州、四川、重庆等省市的分布量较大。目前仅广西、云南仍有一定的自然资源量,但却呈逐渐下降的趋势。

(三)化学成分、药理作用、功能主治与临床应用

1. 化学成分　斑蝥虫体主要含斑蝥素,其化学成分除含单萜烯类外,还含有脂肪、腊质、乙酸、色素和17种微量元素。其中与

抗癌作用有关的元素锰和镁的含量均较高，因此，斑蝥能治疗癌症的原因，可能与其所含的锰、镁元素的量较高有关。

2. 药理作用 临床观察表明，斑蝥有明显的抗癌作用，对肝癌、食道癌、胃癌、肺癌等均有抑制效果。目前有关斑蝥素活性方面的研究主要集中于以下几个方面：

(1)*斑蝥素作用于多种肿瘤细胞* 研究表明，斑蝥素能抑制肿瘤细胞的蛋白质合成，继而影响核糖核酸(RNA)和脱氧核糖核酸(DNA)的合成及细胞周期的进程，促进肿瘤细胞凋亡，抑制肿瘤细胞增殖。

(2)*抗肿瘤细胞侵袭和转移的作用* 斑蝥素是一种特异性的磷酸酶抑制剂，能抑制蛋白的表达，从而抑制肿瘤细胞的侵袭、运动和黏附能力。

3. 功能主治与临床应用 斑蝥味辛、性温，有大毒。具有攻毒蚀疮，引赤发泡，破血散结，抗肿瘤的功能。主要用于瘰疬结核、恶疮死肌、顽癣瘙痒、急性风湿痛、剧烈头痛、面部神经麻痹以及癥瘕结聚、恶疮肿瘤等症。

据研究去甲斑蝥素对乳腺癌细胞有抑制、杀伤及诱导凋亡的作用。王广生等通过我国肝癌高发地区6所医疗单位的244例，经去甲斑蝥素治疗原发性肝癌病人的追踪调查发现，46%的病人治疗后食欲增加，24%的病人治后腹胀减轻或消失，39%的病人肝区疼痛减轻或消失，37.1%的病人的肝脏回缩，其有效率达58.6%。此外，斑蝥素对食道癌、胃癌、肺癌、宫颈癌等亦有理想的治疗作用。

斑蝥素除了用于治疗肿瘤外，还常用于肝炎、面瘫、鼻炎、梅核气、皮肤病及乳腺增生等方面的治疗。

(四)斑蝥的养殖现状与发展前景

由于自然生态和农业生态的不断变化，尤其是化学农药的广泛而普遍地使用，致使斑蝥的野生资源日益减少，有的地区已经灭绝，远远满足不了国内外市场的需求。然而直到目前市场所提供的少量斑蝥产品，全来源于野生资源。至于斑蝥的人工养殖除20世纪80年代重庆市药物种植研究所已成功完成斑蝥的人工养殖外，至今尚未有斑蝥的专业养殖者。

斑蝥是中华五千多年用药史上一朵奇葩。随着药理研究的不断深入，对斑蝥素及其衍生物的应用也越来越多。在市场上利用斑蝥素及其衍生物制成的一些中成药、化学药和生化药等也相继问世。如治癌药类的斑蝥素、斑蝥素片、斑蝥素注射液、斑蝥素乳膏、去甲斑蝥素、去甲斑蝥素片、斑蝥酸钠片、复方斑蝥酸钠片、斑蝥酸钠注射液、去甲斑蝥酸钠以及癣药类的玉红膏等，表明斑蝥正在被临床广泛应用。但是其自然资源有限，且有日趋下降趋势，单靠野生实难满足用药之需求，因此开展人工大量养殖已成必然。而且随着用量的增加，其市场价格也随之攀升。目前药市斑蝥的价格已上升到560～720元/千克，据业内人士预测，斑蝥产品供需矛盾突出，其价格还有大幅上升空间。因此，开展人工养殖具有广阔的前景。

二、养殖技术

（一）形态特征

1. 成虫　见图12-1。雌虫体长21～25毫米，雄虫体长16～21毫米。头呈圆三角形，黑色，有触角1对，11节，黑色，末端数节逐渐膨大呈棒状，基部2节最短，末端一节最长。各节均被有小而短的绒毛。腹面全为黑色，密被黑色长毛，胸足3对，雄虫前足跗节褐色，雌虫均为黑色，布满黑色长毛。前翅为鞘翅革质，翅的前端阔于基部，翅面生长稀而短的黑色绒毛，具有黄黑相间波浪形带纹，每翅基部各有1个大黄斑。后翅膜质，透明，棕褐色，折合于鞘翅之下。

2. 卵　椭圆形，上端粗下端细，表面光滑，淡黄色，长为3.4～4.3毫米，宽为1.8～2.5毫米。

3. 幼虫　有5个龄期。

1龄衣鱼形（图12-2）。初孵幼虫上颚和足棕色，体淡黄色，数小时后变为棕色，体长3.2～6毫米，触角4节，复眼1对，呈圆形，上颚镰状。胸足3对，长而且大，被有绒毛。腿节粗壮，呈棕色；胫节长于腿节，呈棕黑色；跗节长而细，色棕黑。腹部9节，每节后缘有一列绒毛，末节的后缘具有2根长大的刚毛。在第一至第八节的侧板上各有气门一个，较小，中胸节气门较大。

2～5龄幼虫体均呈蛴螬形（12-3）。2龄幼虫体长3.5～5.5毫米，淡黄色，触角4节，胸足比1龄幼虫短，全身被有短而密的绒毛，气门较明显；3龄幼虫体长5.2～12毫米，淡黄色，触角4节，腹节上被有细而密的绒毛；4龄幼虫体长8.2～13.5毫米，黄色，胸足短小，胫节短，全身被有微细的绒毛；5龄幼虫体长11～15.5毫米，乳黄色，胸足粗短，胫节和跗节明显可见，全身被有微细绒毛。

4. 蛹　见图12-4。体长13.5～14毫米，黄色，腹眼黑色，全身被一层光滑薄膜，后胸足特长，几乎达腹部末端，触角斜向背面，翅芽微向腹面。

（二）生活习性

南方大斑蝥多生活于海拔500～900米的平坝区和丘陵地段的农作区，其中以海拔500～600米分布最多。豆类作物种植面积大、蝗虫数量分布较多的区域，斑蝥的分布数量亦较多。

斑蝥1年发生1代，以各龄幼虫在土里越冬。6月中旬至7月上旬化蛹，6月下旬至7月下旬羽化为成虫。

1. 成　虫

（1）食性　成虫为植食性，食谱较广，以花类为主，主食豆科和葫芦科植物的花。取食活动多在上午8～12时，下午2～6时。温

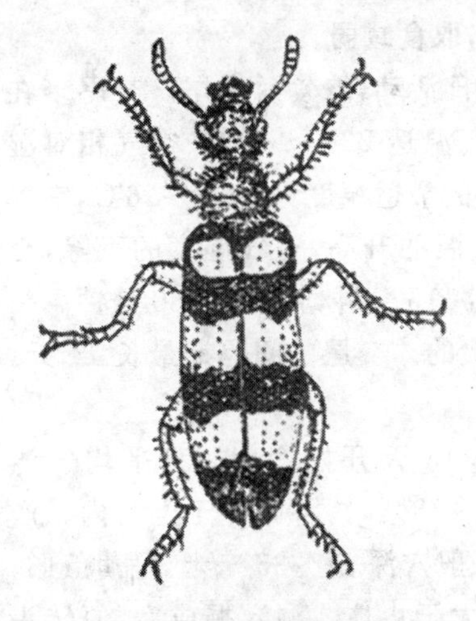

图 12-1　南方大斑蝥成虫

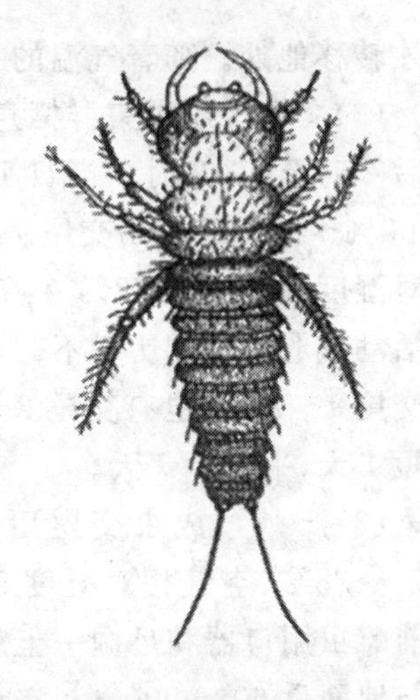

图 12-2　大斑蝥 1 龄幼虫

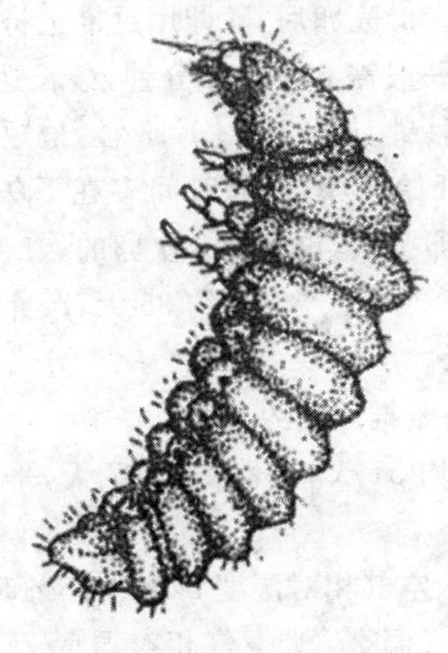

图 12-3　大斑蝥 2～5 龄幼虫

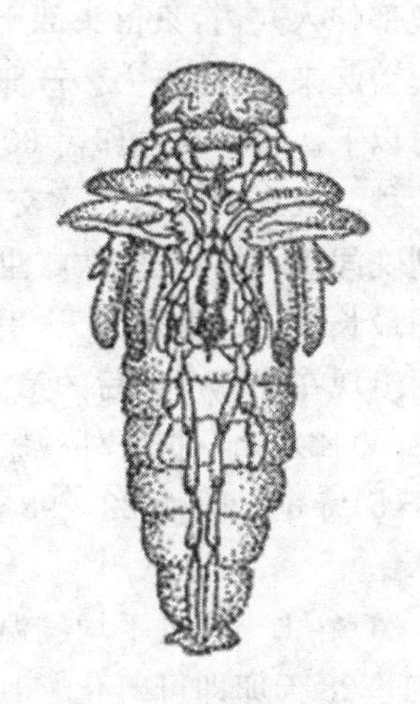

图 12-4　大斑蝥蛹

度在 24℃～27℃时开始取食，27℃～32℃时取食最盛。32℃以上很少有取食活动。炎热的中午和雨天停止活动。食后常栖息于背阴遮雨的叶背面。成虫集群取食，常常要把寄主植物的花全部食光才转移他处。随着气温的下降，取食减弱。

(2)交尾　成虫集群栖息，白日活动，取食后交尾。交尾多在午后 2 时至晚 12 时。当日平均气温达 22℃～28℃、空气相对湿度 60%～90%时开始交尾。交尾的最适温度为 24℃～26℃，空气相对湿度为 70%～78%。随着气温的升高，空气湿度的下降，交尾活动减弱。交配历时不等，短则 115 分钟，长的达 430 分钟。一般交尾 1～2 次，也有交尾 3～4 次的。交尾的间隔期最长 14 天，最短 1 天，平均为 7 天。

(3)产卵　成虫交尾后 10～15 天开始产卵。日平均气温 21℃～28℃、空气相对湿度 53%～78%时，将卵产于土穴内。产卵前雌虫用口器和足掘一土穴，一般穴深 17～35 毫米，呈葫芦形，多与地面呈 60°～90°角。穴径稍大于虫体。洞穴掘成后，便转头将腹部伸入穴内，只留头部于洞口。产完卵后，随即用足推土将洞口覆盖起来，然后离去。产卵历时一般需 60～100 分钟，最长达 7 小时以上。每产 1 粒卵需 60～70 秒钟，最长达 4 分 15 秒，最短只需 5 秒。成虫多在第二次交尾后开始产卵，产卵时间多在下午 4 时到晚间 12 时。大多数雌虫只产卵 1 次，也有产 3 次卵的。产卵间期最长 27 天，最短 6 天，平均 14.8 天。产卵期约 35 天，产卵高峰期出现在开始产卵后的第十二天。

(4)性别比　据野外观察统计，雌雄比例约为 1∶1。

(5)寿命　雌性 22～98 天，平均 51 天；雄性 12～87 天，平均 43 天。

(6)孵化　在日平均气温 25℃、空气相对湿度 52%～75%时，经 21～28 天卵即可孵化。日平均气温 27℃、空气相对湿度 75%时，孵化率最高。随着气温的下降，孵化时间逐渐延长，气温下降到 18℃时，就不能孵化。

2. 幼虫　幼虫为肉食性，食性单一，主食蝗虫卵，耐饥力极强。8 月份到翌年 6 月份为幼虫期。幼虫有 5 个龄期，各龄历期长短不等(表 12-1)。幼虫在土中越冬,以越冬龄期最长。

表 12-1 南方大斑蝥各虫态历期(重庆南川)

历 期(天)	卵	幼虫(龄)*					蛹	成虫	
		1	2	3	4	5		雌	雄
幅 度	21～28	15～48	3～39	6～38	3～30	156～218	12～18	22～98	12～87
平 均	23.5	24	9	18	5.5	175	15	51	43
观察个数	100	27	24	21	25	21	45	56	43

注:自然变温条件下观察;以 5 龄越冬幼虫为例

1 龄幼虫行动敏捷,有假死性。初孵幼虫并不急于取食,常常要经过 15～30 天才开始取食。环境条件不适,或经常有人为干扰,或食物不好,都拒绝取食,直至饿死。

蛴螬形幼虫行动缓慢,一般很少活动,常仰息于蝗虫卵块内取食。幼虫对食物的要求严格,对单粒散乱的蝗虫卵粒常不取食,只取食蝗虫卵块。幼虫取食时间不一,从孵出到取食,少则 10 多天,多的达 180 天。1 龄幼虫取食前先潜入蝗虫卵块的底部,仰卧,咀嚼蝗虫卵块上的护膜,然后咬一个小孔潜入蝗虫卵块取食,在卵块内生长发育,将残渣和排泄物排出孔外,堵住洞口,在一个密闭、安静、黑暗的环境中生活。不缺食物时,决不离开寄主到外面活动。一般 1 个蝗虫卵块即可满足 1 头幼虫生长发育的需要(表 12-2)。

表 12-2 大斑蝥各龄幼虫食量统计(重庆南川)

食 量	虫 龄					合 计
	1	2	3	4	5	
蝗虫卵(粒)	1～3	6～12	12～16	12～15	0	31～46

到 5 龄时,多数潜入土中越冬,有的就在蝗虫卵块内越冬。

3. 蛹 5 龄幼虫在 6 月中旬到 7 月上旬蜕去一层白色的皮,即变成蛹。蛹期 12～18 天,平均 15 天。

(三)养殖技术

南方大斑蝥是复变态昆虫,成虫为植食性,幼虫为肉食性。成虫人工饲养比较容易，但幼虫的人工饲养难度却较大。因此，重庆市药物种植研究所的科技人员便探索了一套“家繁山养”的养殖方法。即成虫在室内养殖，幼虫则释放于野外蝗虫为害区域内进行“山养”。这种方法简便易行，适宜一家一户养殖，也适于规模化养殖。

1. 成虫的饲养 由于成虫有集群取食、交尾的习性，因此，采用成虫在室内笼养。饲养笼一般以0.3～0.5立方米为宜。每立方米饲养成虫1 000～1 500头，雌雄各半。笼底铺垫15厘米厚的洁净沙质土壤，作为斑蝥产卵地及调节卵的孵化湿度。以各种豆科植物或葫芦科植物的花类饲喂。每日投食2次，第一次上午9～10时投料，第二次午后4～6时投料。投料量以食后略有剩余为度。每日向土壤中喷洒洁净水1次，保持12%～15%的土壤含水量。拣除残渣腐物，保持笼内清洁及环境安静，让成虫在笼内完成交尾、产卵过程。经45～60天的饲养，便可将未死亡的成虫捕捉加工。

饲养笼的制作，可根据饲养的规模及房屋空间的大小而定。一般将饲养笼做成50厘米立体正方形为宜。饲养笼的骨架用木质或钢质材料均可，笼的四周用尼龙纱围紧，笼的侧面开一小门，便于投食及清除残渣腐物。

2. 卵的孵化 把成虫饲养笼搬迁他处，然后用20厘米高的玻璃把产有卵的土壤紧紧围住，以防孵化后的幼虫外逃。在自然温度条件下进行孵化。每日只需向土壤内喷洒少许洁净水1次，保持12%～15%的土壤含水量，直至卵全部孵化。

3. 幼虫饲养 本书只介绍幼虫的“山养”技术。为了取得较显著的山养效果，在释放幼虫前，首先要调查当地蝗虫的分布密度。再根据蝗虫的虫口密度来决定斑蝥幼虫的山养数量。

(1)蝗虫虫口密度或蝗虫卵块的分布量调查　一般采用5点取样方法进行调查。即将一定量(不低于667 米^2)的土地面积划出正方形，并做对角线，然后在正方形的四角处及对角线的交叉处各取1～2平方米面积调查蝗虫虫口密度，或蝗虫卵块量，求得平均数。以此平均数作为该调查面积的蝗虫或卵块的分布量。

(2)斑蝥幼虫的释放密度　据研究表明，蝗虫的分布密度与斑蝥幼虫的释放密度之比，以3～5∶1为宜，即每平方米有3～5头蝗虫或蝗虫卵块释放1头斑蝥幼虫。

(3)斑蝥幼虫的山养时间　大斑蝥卵于8月底陆续开始孵化，9月份是卵的盛孵期。初孵幼虫应及时释放于野外山养。10月上旬以前释放的山养幼虫，其山养效果为最好。随着气温的下降，所释放的幼虫山养的效果较差。主要原因是由于气温低，幼虫停止了寻食活动，要到翌年温度上升时才开始活动。但在野外越冬的幼虫，或由于天敌，或因栖息地的不适宜而大量死亡，所以山养效果较差。如果10月上旬不能如期把所有的幼虫释放于野外，最好在室内保存，到翌年的惊蛰后再释放于野外进行山养亦可。

对山养的幼虫，不加任何管理，让其在野外自行寻食和生长发育，直到羽化为成虫。

(四)天敌防治

据研究，至今还未发现斑蝥成虫和幼虫有病菌感染而产生疾病的。虽无疾病发生，但有天敌为害。斑蝥成虫的主要天敌，是各类蜘蛛及壁虎。家养成虫，只要饲养笼密闭严实，上述天敌也很难入内为害。斑蝥卵和幼虫的天敌主要是各类蚂蚁。孵卵期，在每日洒水时应观察是否有蚁类入内，发现后除消灭蚂蚁外，还必须采取措施预防。野外山养的幼虫，自然会受到天敌的为害，但无可奈何，不必防治，只好顺其自然。

三、收捕、加工、贮藏与运输

(一)成虫的收捕

斑蝥成虫有集群取食的习性，据此特性，在斑蝥幼虫山养的地段，种植适量的斑蝥最嗜食植物予以诱引，即可成批捕捉。

经研究表明，南方大斑蝥成虫最喜食爬山豆花或米豆花。这两种花对斑蝥成虫具有极强的引诱力。因此，在山养地带只要种植爬山豆或米豆，在成虫产卵前，约于8月中下旬，只需去爬山豆花或米豆花上捕捉即可。其诱捕率可达95%～100%。

爬山豆或米豆的种植面积，以方圆500米为半径的范围内，只需种植200～250米^{2}面积的豆即可。

(二)产品加工

将捕捉的成虫，除留足繁殖种源外，其余的成虫全部制成干品。

其具体加工方法：将收捕的斑蝥成虫，置于密闭容器中闷死，或通蒸汽烫死，晒干即成产品。

本品有剧毒，捕捉时需戴手套，以防刺伤皮肤而发水泡。

(三)产品贮藏与运输

1. 贮藏　由于斑蝥成品有剧毒，应十分注意产品的安全贮藏。一般多用洁净的较厚的塑料薄膜袋将产品轻放于袋内，密封，再放于木箱或硬纸箱内贮存。箱内还应放适量的生石灰，以防湿防潮。并在贮藏箱上标明品名、产地等标记。

2. 运输　斑蝥成品运输时，不得与农药、化肥等其他有害物质混装。运载器具应具有较好的通气性，以保持干燥，遇阴雨天气应严密防雨防潮。

四、质量要求与商品规格

干货。全虫，无头、足、翅断片，色油亮，无霉变，无杂质，无恶臭味。

五、黄黑小斑蝥养殖技术

黄黑小斑蝥与南方大斑蝥在生活习性方面有相同之处，但也有许多不同点。因此对黄黑小斑蝥的养殖技术需要另作介绍。

南方大斑蝥的越冬虫态是以各龄幼虫越冬，幼虫的历期特长，平均可达 175 天，最长达 218 天，最短 156 天；而黄黑小斑蝥的越冬虫态却是胚胎卵，其卵历期特长，平均可达 276 天，其幼虫历期则较短，约为 55～65 天。由于卵历期较长，在孵化期间，稍有疏忽就会造成卵的大量死亡。因此，黄黑小斑蝥卵的孵化要特别细心。主要注意两个方面。

一是温度调控。经测定，黄黑小斑蝥卵的发育起点温度是 10.64℃±0.09℃，年有效积温是 1 680 日度。在日平均气温 19℃～27℃时，越冬卵即逐渐开始孵化。孵化期多在 4 月中旬。在此期间，若因气温较低，卵未孵化时，可采用人工加温的方法。可用电灯加温，或用火炉加温，保持 23℃～25℃为最适宜。

二是湿度调节。黄黑小斑蝥卵的孵化，最适的土壤含水量为 12%～15%。湿度过低，会造成卵粒失水过多而干瘪；湿度过大，卵易被真菌感染而死亡。

黄黑小斑蝥成虫和幼虫的饲养管理，同于南方大斑蝥。但黄黑小斑蝥幼虫山养的释放时间较短，应做周密的安排，一定要赶在蝗虫卵孵化前完成黄黑小斑蝥幼虫期的正常生长发育，否则会因中途缺食而死亡。

第十三章 广地龙规范化养殖技术

一、概 述

(一)动物来源、药用部位及药用历史

动物来源:地龙,又名蚯蚓、曲蟮,为蚯蚓科动物参环毛蚓(即广地龙)。

药用部位:以干燥全体入药。

地龙是我国主要的中药材之一,应用历史悠久。中药学专著《神农本草经》中记载"蚯蚓味咸寒,主蛇瘕,去浊,杀长虫"。《名医目录》中认为,地龙还可以"疗伤寒,伏热狂谬,大腹,黄疸"。《唐本草》云:"地龙盐沾为汁,可疗耳聋"。《日华子本草》中认为地龙"治中风并疗痫疾,去浊,天行热疾,喉痹,蛇虫伤"。《滇南本草》云:"地龙可祛风,治小儿瘈疭惊风,口眼歪斜,强筋治痿"。李时珍在《本草纲目》中,对地龙的药性较为全面地归纳为:主伤寒疟疾,大烦狂烦,大人、小儿小便不通,急性惊风,历节风痛,肾脏风注,头风,齿痛,风热赤眼,木舌,喉痹,鼻瘜,聤耳,秃疮,瘰疾,卵肿,脱肛,解蜘蛛毒,疗蚰蜒入耳等多种功效。

在临床应用方面,古本草多用地龙单味入药或复方入药。《圣惠方》就收载单味地龙用于"治喉痹"、"风赤眼"、"治聤耳,脓血不止"、"鼻中瘜肉"、"木舌肿满"等症。《补缺肘后方》还用单味蚯蚓"治伤寒六、七日热极,心下烦闷,狂言"等症。古代医方中,亦将地龙用于复方中,如《圣济总录》中的"地龙散"就是用来治疗痛风及产后头痛等症。"龙珠丸"用地龙加龙脑、麝香等用于治疗"头痛目运,喉痹缠喉风" 等。李时珍在《本草纲目》中的地龙项下收载选方达43条。

现代药理及临床研究证实，地龙确实有解热镇静和抗惊厥、抗菌、溶血栓、平喘利尿、降压等作用，且毒性极小。多用于高热神昏、惊痫抽搐、关节痹痛、肢体麻木、半身不遂、肺热喘咳、尿少水肿、高血压等症。这些都是地龙古代疗法的继承和发展。

(二)资源分布与主产区

广地龙分布于长江以南的广东、广西、台湾、云南、福建等省区，主产于广东、广西。

(三)化学成分、药理作用、功能主治与临床应用

1. 化学成分　①含有多种蛋白质。脂类蛋白、抗微生物蛋白、收缩血管蛋白、溶血和凝血兼具的蛋白质、溶血蛋白、钙调素结合蛋白、蚯蚓新钙结合蛋白等。②含有多种氨基酸。亮氨酸、谷氨酸、天冬氨酸、缬氨酸、赖氨酸、精氨酸、丙氨酸、甘氨酸、蛋氨酸、丝氨酸、苏氨酸、苯丙氨酸、脯氨酸、组氨酸和酪氨酸，同时含有人体必需的8种游离氨基酸。③含有丰富的酶类。纤溶酶、胆碱酯酶、过氧化氢酶、过氧化物酶、超氧化物歧化酶、碱性磷脂酶、β-D葡萄糖苷酸酶、酯酶、卟啉合成酶等。④含有多种饱和脂肪酸(棕榈酸、十五烷酸、十六烷酸、十七烷酸、十八烷酸、硬脂酸、花生酸、琥珀酸及酯类)、不饱和脂肪酸(油酸、亚油酸、花生三烯酸、花生四烯酸、γ-亚油酸等)和甾醇类。此外，还含有麦角二烯酸-7，22-醇-3α和麦角烯-5-醇-3α。⑤含有多种核苷酸。黄嘌呤、次黄嘌呤、腺嘌呤、鸟嘌呤、鸟嘧啶等，均为人体必需的成分。⑥富含多种微量元素。锶、镁、硒、铜、钼、镍、钴等，均为人体健康所必不可少的。⑦其他活性物质。蚯蚓解热碱、蚯蚓素、蚯蚓毒素、蚯蚓磷脂、N-磷酰蚯蚓磷脂、透明质酸、胆碱、促髓细胞增殖组分、类血小板活性因子(PAF)、免疫球蛋白样黏连物、碳水化合物及色素等。

2. 药理作用

(1)抗凝血溶血栓的双重作用　地龙中溶栓成分主要有纤维

蛋白溶解酶、蚓激酶、蚓胶质酶，对体内凝血系统和纤溶系统具有广泛的影响。据研究发现，地龙具有减少或修复因脑缺血引起的组织损伤和增加脑血流量、减少脑血管阻力、降低血小板黏附和延长动物体内血栓形成等作用。

(2)降压作用　蚯蚓低温水浸液静脉注射(0.1克/千克)对正常麻醉家兔以及大白鼠有缓慢而持久的降压作用。从地龙脂质分离得到的类血小板活化因子(PAF)物质是地龙中重要的降压成分。

(3)免疫增强作用　给小鼠不同浓度的地龙提取液，测定腹腔巨噬细胞的活化率。结果表明，地龙具有明显的促进巨噬细胞活化的作用。实验发现，地龙能显著地促进巨噬细胞 Fc 受体的活化。同时实验还表明，地龙肽明显提高淋巴细胞增殖率，增强巨噬细胞攻毒效应，提高巨噬细胞和脾细胞分泌水平，明显提高免疫抑制小鼠的免疫功能。

(4)抗癌作用　据研究发现，蚯蚓提取物对胃癌、肺癌、食道癌、咽喉癌及其他肿瘤均有明显的抑制作用。

(5)解热、抗炎、镇痛　据研究发现，地龙粉剂有明显的镇痛作用，且对内毒素制热兔有明显的解热作用。

(6)平喘　实验证明，蚯蚓素对豚鼠过敏性哮喘有部分缓解作用，并能对抗组织胺和毛果芸香碱引起的支气管收缩，有显著的舒张支气管作用。

(7)其他作用　蚯蚓提取液还有抗心率失常、利尿、通乳、杀灭阴道毛滴虫等作用。

3. 功能主治与临床应用　本品味咸，性寒。具有清热止痉，平肝息风，止咳平喘，通络，利水的功能。主治温热病高热昏谵、痉挛抽搐、小儿急、慢惊风、肝阳眩晕头痛、热咳哮喘、风湿痹痛、中风偏瘫、热淋尿闭，以及腮肿、丹毒、漆疮、烫伤等症。《补缺肘后方》的治伤寒热极烦闷狂躁，惊风抽搐，单用本品煎服或绞汁服。《摄生众妙方》的治小儿急、慢惊风，用本品捣烂同朱砂末为丸内服。用治热病高热惊厥，常与钩藤、僵蚕、大青叶、银花、连翘等清热熄风之品配用。治肝胆上亢之眩晕头痛，则配石决明、菊花、夏枯草等平肝潜阳药同用。本品可用于治疗高血压病，近年还用于精神分裂症；亦能清肺止咳平喘，如热性哮喘，可单用粉剂吞服；或制成地龙液行穴位或肌内注射；还可配合麻黄、石膏、杏仁等煎服，以加强宣肺泄热平喘之功。本品之治风湿痹痛，系取其通络作用，如治风湿热痹之关节红肿热痛，常与桑枝、赤芍、络石藤、忍冬藤等清热通络药同用；若属风寒湿痹，则可配川乌、南星、乳香等散寒祛瘀通络止痛药，方如《和剂局方》中的小活络丹。治中风气滞血瘀而半身不遂者，常配黄芪、当归、红花、桃仁等补血活血通络药，方如《医林改错》中的补阳还五汤。

本品浸液或捣敷，可治疗多种外科疾患，如用活地龙与白糖捣烂外敷，可治急性腮腺炎、漆疮、带状疱疹、丹毒、烫火伤、慢性下肢溃疡及骨折等症。

（四）养殖现状与发展前景

目前世界各地对蚯蚓均有较大规模的养殖，尤其日本、美国、菲律宾的蚯蚓养殖业发展很快。我国现已有近 1 000 个蚯蚓养殖场。但对广地龙的养殖，由于环境因素的影响，其养殖范围并不大。目前除广东、广西有少数养殖者开展少量养殖外，规范化规模化养殖可说尚未起步。

由于地龙广泛用于临床，药理活性显著，疗效确切。兼之，地龙系列产品的开发是无公害无污染的高科技项目，“地龙组织液”的原料来源于地龙，它比肉食类营养高 12 倍，微量元素多达 7 种，并含有多种酶类、激素等活性物质。地龙不仅是天然的抗血栓、溶栓、治疗心脑血管病、高血压病的特效药，而且具有抗衰老、延缓心脑血管老化功能，广泛用于医药、食品、保健、化妆品等行业，因此为地龙拓宽药用范围开辟了新的途径。

随着地龙用途的拓宽,使地龙的销量也不断增大。市场价格也随着用量增加而攀升。尤其 2010 年地龙主产区的广西、广东均遭受 50 年不遇的干旱,致使地龙大面积死亡,造成产区大幅度减产,市场价格连连上升,目前市场价位在 90～100 元/千克,兼之基本上无货可存,其价格还有进一步走高趋势。

目前,我国地龙的年用量约 90 万千克,其药源仍然依靠主产区的野生资源,但随着自然生态和农业生态的不断变化,致使自然资源也日益减少。据产地捕捉农户反映,近几年来捕到的数量比起 20 世纪 90 年代中期减少了四至五成,而且呈现逐年递减的趋势,其价格必将迈上一个新的台阶。因此,广泛开展人工养殖无疑具有十分广阔的前景。

二、养殖技术

(一)形态特征

广地龙呈长条片状,弯曲,长 10～20 厘米,宽 1～1.5 厘米,全体具环节,外壳光滑,棕褐色,前端有一明显的淡色生殖环节,习称"白颈"。

(二)生活习性

1. 栖息环境及活动规律 地龙多生活于疏松、潮湿、腐殖质较多的中性土壤里。地龙活动能力较弱,行动迟缓,对寒、热、干湿变化很敏感。过冷、过热、过干、过湿均会影响地龙的生长发育。地龙生活的适宜温度为 15℃～30℃,最理想的生长温度为 23℃～25℃,土壤湿度以 35%～37%为宜。而温度超过 35℃或低于 13℃时,地龙则钻入深层,若遇严重干旱,地龙可钻入到 1～1.5 米以上的深层土壤里(最适的土层深度为 20 厘米左右)。湿度过高过低也会影响地龙的生长发育。积水或过于干燥的环境均会引起地龙死亡。地龙是夜行性动物,怕光照,喜阴暗。地龙无专门的呼吸系统，主要靠皮肤呼吸，凡有害气体均会损伤地龙。

2. 食性　地龙是杂食性动物，食性极广泛，凡是腐烂的有机物质均能取食。最喜食蛋白质、糖分多的腐烂食物，不喜食生的和含酸质多的食物。地龙主要靠触觉、嗅觉和味觉来区别食物的滋味。地龙没有牙齿，进食时先分泌出消化液将食物软化，然后再进食。进食时往往同时吞入大量的泥土。地龙进食的最适温度为20℃～28℃。

3. 繁殖习性　地龙是雌雄同体，异体受精，也可自体受精。因此，繁殖力极强，春秋季节是地龙繁殖盛期。由于地龙是雌雄同体，异体受精，因此，交尾时两条地龙逆向交接，使各自的雄性生殖孔靠近对方的受精囊，逆向互相交尾，精液进入受精囊，两个个体同时受精。交尾后经过10～15天便开始产卵，初产下的卵为透明、椭圆形，最初为乳黄色，经七八天后则变成棕红色。在20℃～32℃的温区内，卵经过18～25天即可孵化出小地龙。地龙卵呈囊状，每1粒卵囊可孵出3～6条小地龙。小地龙经60～75天的生长即达性成熟。在环境条件适宜、土壤有机质充足的条件下，达性成熟的地龙，便可每月繁殖1代。

(三)养殖场地建造

根据地龙生活习性，养殖场地应选择在阴暗、潮湿、避风、无积水、无污染的地方建造。养殖者应根据各自的实际情况，因地制宜建场饲养。养殖场地既可建在室外，也可建在室内。

1. 室外养殖池的建造　可用砖或石块砌成地面或地下养殖池，池的大小可因地势宽窄而定，可大可小。一般以长3米、宽2米、高0.5米为宜。池墙内高外低，两侧留有通气窗孔，池底及池的四周用水泥固封，池的上方加棚盖，以避光防雨。

2. 室内养殖场的建造　如需进行规模化养殖，可在室内建造养殖池，以便人工调控温、湿度。养殖池的大小可因地制宜，以能避光、通风、不积水、无敌害为原则。为了充分利用空间，也可建成楼层式养殖池。层距以便于操作为宜。

此外,也可利用旧粪池、沼气池、果园、菜园地、饲料地,或大盆、木箱等进行养殖。

(四)饲养管理

1. 基料及饵料的制作 基料指经发酵熟化,能供地龙生存和吸取营养的基础料;饵料指经发酵熟化,有机质已分解,无不良因素,易被吸收,能不断供给地龙能量和营养的添加料。制作基料和饵料的材料均由粪料和草料两部分组成。粪料包括禽畜粪、食品生产下脚料、禽畜饲养场废料、动物尸体、烂菜瓜果皮及各种污泥等,约占总量的80%;草料包括各种杂草、树叶、树枝、木屑、垃圾等,约占总量的20%。两者混匀后建堆发酵1～2个月,其间翻堆3～5次,使其充分发酵熟化。发酵后的基料和饵料须粪草均匀一致,养分易分解,无酸臭味及各种有毒气体,手捏不沾手,质地疏松,呈咖啡色,pH值6.8～7.6,含水量37%左右。制作好的基料和饵料在使用时,须在堆料周围及表面喷洒0.5%敌敌畏杀灭各类害虫。

2. 饲养方法

(1)饲养密度 饲养密度的大小直接影响地龙的生长发育。密度过大,由于饲料的营养有限,取食不足,对地龙的生长或多或少有一定的抑制作用;密度过小,地龙产品数量降低而影响效益。因此,调控合适的饲养密度十分重要。经饲养观察,基料厚度在15～20厘米,广地龙的饲养合适密度为每平方米投放5 000条为宜。经过4个月左右的饲养后,即可将成年地龙采收加工成商品地龙,并将小地龙分池饲养,调整饲养密度。

(2)饵料施用 可直接将熟化的饵料加入基料中,混合饲喂地龙。也可将新饵料铺入饲养池内,然后将原来的旧料(连同地龙)直接铺在新饵料上。

(3)粪便清除 地龙在进食时同时吞食了大量泥土,因地龙吃食时头是朝下的，所以便有规则地把粪便排积在地面，清除粪便时，只要将饲养池表面层用铁铲或刮粪板将粪便刮除即可。除粪前需用灯光照射，让地龙钻入下层后，再进行清除，以免损伤地龙。粪便清除后，必须及时增加新的饵料。

(4)温湿度调节　温湿度是否合适，直接关系到地龙的生长发育。最理想的温度是24℃～28℃，温度过高，超过35℃以上，会影响地龙的取食活动及生长速度，且产卵数量下降。因此，温度过高时应采取降温措施，或地面洒水，或增加通风量；温度过低，气温降到13℃以下时，地龙几乎停止取食活动，生长速度减慢。因此，在冬季可适当加温，使饲养房内的温度保持在15℃以上，使地龙仍可取食生长。温度降到5℃～0℃时，地龙进入休眠状态，0℃以下时地龙会死亡。

湿度的大小对地龙的生长也有较大的影响。适宜地龙生长的土壤湿度为28%～40%。湿度过高或出现积水，不仅影响地龙的生长发育，甚至会造成死亡。当土壤湿度超过45%以上时，应采取措施降低湿度，或在基料上增加干燥的腐殖土壤，或采取排水的办法；湿度过低，当土壤湿度降到20%以下时，会严重影响地龙的生长，且产卵量也下降，应及时增加水分或洒水，或用高湿度饵料及基料混合亦可。为保持土壤湿度，一般夏季每天洒水1次，冬季3～4天洒水1次。

(5)土壤通透性的调节　地龙靠皮肤进行呼吸，生活环境中需要有足够的氧气。如土壤里氧气不足，会影响地龙的生长繁殖。因此，养殖池基料的厚度应加以控制，一般15～25厘米厚为宜，并且在基料中尽可能增加一些细树枝和农作物秸秆之类的有机物，以增强土壤的通透性。同时饲养池的饵料一定要经发酵腐熟后才能投喂，以鼻嗅无酸、无臭，眼看呈咖啡色为好。否则会产生多量的二氧化碳而影响地龙的产卵繁殖，或孵出的小地龙多数呈畸形，易造成死亡。增加通透性的方法：一是在饲养土中用木棒掘洞通气;二是在饲养池中埋设具有很多细孔的管子,如竹筒或塑管均可。这样便于缓缓向饲养土中通气。

(6)酸碱度调节　地龙对酸碱很敏感,喜生活于中性土壤环境里,最适的 pH 值在 6.4～7.8 之间,pH 值低于 5.4 或高于 7.8 时,均易引起地龙逃跑,甚至死亡。因此,应经常测定饲料的 pH 值。pH 值过高时,可采用醋酸、磷酸铵作调节剂;pH 值过低时,可用草木灰或苏打粉进行调节。

(7)越冬管理　当气温低于 5℃以下时,地龙停止活动,潜入厚土层越冬。温度在 10℃以上时,地龙仍可进行取食活动,但生长缓慢;13℃以上时,可正常生长繁殖。我国南方一些地区,地龙四季均可生长繁殖。冬季温度较低的地区,没有加温条件,就让地龙自然越冬,但养殖的土温不能低于 0℃,否则易被冻死。增温方法:增加易发热的饲料,如牛粪等,或采取其他增温措施。

(五)疾病及天敌防治

地龙养殖过程中,只要精细管理,很少发生疾病。因此,在养殖时以预防为主,须从以下几个方面采取措施。

第一,地龙饵料不宜贮藏过久,以免产生过多有毒气体,如甲烷、硫化氢和氨气。当有害气体含量超过 15%时,应将饲料进行翻晒,除去有害气体或有害物质,否则地龙发生出血性中毒而死亡。

第二,不可用腐烂白菜作地龙饵料。因为,白菜在腐熟过程中会产生有毒物质,地龙能经皮肤吸收而造成中毒死亡。

第三,猪、牛粪不能单独作饵料喂,否则会发生脱节自溶。

第四,在地龙饵料中需加鸡粪时,其用量不能超过总量的 25%。因鸡粪在发酵过程会产生大量氨气,可引起地龙中毒死亡。

第五,pH 值过低过高及饵料湿度过大过小均会使地龙感染疾病或寄生虫。因此,在饲养过程中必须加强 pH 值的调控和湿度的调节。

第六，地龙的天敌较多，主要有禽类（鸡、鸭、鹅）、鼠类（如田鼠、鼹鼠）、蛙类（如青蛙、蟾蜍）等。还有蚁类和蛇类以及蜈蚣、蚂蟥等，均能为害地龙的生存，应加强防治。

三、采集、加工、贮藏与运输

（一）采　集

地龙有怕光习性，将饲料池内的饲料和地龙一起堆成底如面盆大小的圆锥形，经强光照射 15～30 分钟后，地龙便钻入堆底中心，然后将堆土上面及四周的料土扒去，最后将底部集聚的地龙取出即可。

（二）加　工

将地龙采集后，用草木灰呛死，再用温水稍泡，除去体外黏液，剖开腹面，洗去内脏，晒干或烘干即成。

（三）贮藏与运输

1. 贮藏　地龙成品一般多用洁净无污染的麻袋或尼龙编织袋包装，并置放于通风、干燥的贮藏室贮藏。贮室内应适量放一些防潮湿的生石灰或木炭等物。

2. 运输　地龙成品运输时，不能与农药、化肥等其他有害物质混装。运载器具应具有较好的通气性，以保持干燥。遇阴雨天气应严密防雨防潮。

四、质量要求与商品规格

要求干货，无泥沙，无内脏，形呈带状，暗褐色，无霉变，无恶臭味，无杂质。

参考文献

1. 中国医学百科全书编辑委员会．中国医学百科全书·中药学．上海科技出版社,1988.

2. 李时珍．本草纲目．人民卫生出版社,1979.

3. 郭巧生．最新常用中药材栽培技术．中国农业出版社,2000.

4. 武孔云,等．中药栽培学．贵州科技出版社,2001.

5. 冉懋雄．三七、木香栽培技术．科学技术文献出版社,2002.

6. 宫喜臣．药用植物规范化栽培．金盾出版社,2006.

7. 宋廷杰．药用植物实用种植技术．金盾出版社,2002.

8. 刘合钢．药用植物优质高效栽培技术．中国医药科技出版社,2001.

9. 冉懋雄．石斛栽培技术．科学技术文献出版社,2002.

10. 王朝梁,等．云南文山三七栽培技术研究及 SOP 制定．GAP 研究与进展(创刊号).1(1):19,2001.

11. 傅贵明,等．无公害川芎规范化栽培技术．四川农业科技．(6):27,2003.

12. 高农,等．川芎苓子繁殖技术．特种经济动植物．(10):26,2004.

13. 黄正方．黄连产量构成因素相关性分析．西农科技．(2):28,1998.

14. 徐锦堂,等．黄连研究进展．中国医学科学院学报．26(6):705,2004.

15. 刘华钢,等．郁金化学成分及药理作用的研究进展．广西中医学院学报.11(2):81,2007.

16. 江波等. 地龙临床应用现状与展望. 江西中医药.22(3):27,1994.

17. 王艳艳,等. 龙胆化学成分及药理作用研究进展. 特产研究.28(3):68,2006.

18. 董运贤,等. 金龙胆草人工种植技术规范(SOP). 云南农业科技.(3):43,2004.

19. 肖如昆. 龙胆草的价值与人工栽培技术. 临沧科技.86(2):46,2003.

20. 刘辉,等. 川贝母的资源学研究进展. 中国中药杂志.33(12):1645,2008.

21. 宫涛,等. 黄连规范化栽培方法. 特种经济动植物.(11):12,2009.

22. 朱宏涛,等. 坚龙胆的快速繁殖. 天然产物研究与开发.16(3):222,2004.

23. 王康正,等. 药用石斛栽培的研究概况. 中国中药杂志.23(6):340,1998.

24. 刘守金,等. 霍山石斛的资源及生物学特性. 中药材.24(10):709,2001.

25. 张明,等. 金钗石斛驯化栽培的基质研究. 中药材.24(9):628,2001.

26. 刘海涛,等. 中药龙胆主要病害及其防治. 现代中药研究与实践.20(6):8,2006.

书名	定价
常用绿化树种苗木繁育技术	18.00
茶树高产优质栽培新技术	8.00
茶树栽培基础知识与技术问答	6.50
茶树栽培知识与技术问答	6.00
有机茶生产与管理技术问答(修订版)	16.00
无公害茶的栽培与加工	16.00
无公害茶园农药安全使用技术	17.00
茶园土壤管理与施肥技术(第 2 版)	15.00
茶园绿肥作物种植与利用	14.00
茶树病虫害防治	12.00
中国名优茶加工技术	9.00
茶叶加工新技术与营销	18.00
小粒咖啡标准化生产技术	10.00
橡胶树栽培与利用	13.00
烤烟栽培技术	14.00
烤烟标准化生产技术	15.00
烟草病虫害防治手册	15.00
烟草施肥技术	6.00
烟粉虱及其防治	8.00
啤酒花丰产栽培技术	9.00
桑树高产栽培技术	8.00
亚麻(胡麻)高产栽培技术	4.00
甜菜生产实用技术问答	8.50
常见牧草原色图谱	59.00
优良牧草及栽培技术	11.00
动物检疫实用技术	12.00
动物产地检疫	7.50
畜禽屠宰检疫	12.00
畜禽养殖场消毒指南	13.00
新编兽医手册(修订版)	49.00
兽医临床工作手册	48.00
中兽医诊疗手册	45.00
兽医中药配伍技巧	15.00
猪场畜牧师手册	40.00
兔场兽医师手册	45.00
羊场兽医师手册	34.00
中兽医验方妙用	14.00
兽医药物临床配伍与禁忌	27.00
常用兽药临床新用	14.00
羊场畜牧师手册	35.00
畜禽药物手册(第三次修订版)	53.00
畜禽疾病处方指南(第 2 版)	60.00
畜禽真菌病及其防治	12.00
猪场兽医师手册	42.00
禽病鉴别诊断与防治	7.50
禽病防治合理用药	12.00
畜禽结核病及其防制	10.00
家畜普通病防治	19.00
家畜口蹄疫防制	12.00

以上图书由全国各地新华书店经销。凡向本社邮购图书或音像制品,可通过邮局汇款,在汇单“附言”栏填写所购书目,邮购图书均可享受9折优惠。购书 30 元(按打折后实款计算)以上的免收邮挂费,购书不足 30 元的按邮局资费标准收取 3 元挂号费,邮寄费由我社承担。邮购地址:北京市丰台区晓月中路 29 号,邮政编码:100072,联系人:金友,电话:(010) 83210681、83210682、83219215、83219217(传真)。